BARBELENVERHALEN II

— *Ethologie in Evolutie* —

Lugdunum

ISBN 978-15-3483-271-8
NUR 942

Cover design by Yuri Robbers.

Cover photo: *P. tetrazona* close to sexual maturity. Photograph courtesy of *Faucon*. (CC BY-SA 2.5, see: https://creativecommons.org/licenses/by-sa/2.5/).

Typeset in 10pt Computer Modern by Yuri Robbers.

Published by Lugdunum, Leiden, the Netherlands.

Barbelenverhalen II

Koenraad Kortmulder & Yuri Robbers

Inhoudsopgave

Lijst van figuren

Lijst van tabellen

Lijst van tabellen

Voorwoord

It is not that often that scientists embark on field studies with a view to further substantiating and fine-tuning the laboratory findings in a given speciality. Koen was one such scientist who made a very bold and a challenging decision, nearly four decades back, that it would be worthwhile to investigate the behaviour patterns of endemic barbs of Sri Lanka in their natural habitats — one of the main species groups that he and others in the Animal Ethology group at Leiden University were working on.

It was in the mid-1970s when I, having returned from completion of my PhD from the University of Stirling, Scotland literally "bumped" into Koen and Evelyne in the corridors of the science faculty building of the Vidyalankara University, Kelaniya, my workplace. I still vividly recollect our initial conversation which was very scientific, intense and purposeful; this was the foundation for a long-term scientific collaboration between the two groups; Koen and his group working on ethology of endemic barbs and my own group working on the biology and ecology. We both enjoyed being in the field — observing patiently for hours on, the diverse movements and changing colour patterns of many of the endemic barbs, as the sun unfolded.

The work resulted in many post-graduate students from both sides, exchange visits, some of which were supported by WOTRO and also an extension of the work on related barbs in Kerala, India and Malaysia, in cooperation with colleagues such as K.G. Padmanabhan and Josè Furtado, respectively. All of this resulted in many scientific publications in internationally renowned journals, training of PhD students, and notes and guidance on the conservation of the pristine habitats and hence the endemics in the long term. The latter are being utilised by the relevant authorities in Sri Lanka in their efforts to conserve the endemic barbs.

It is equally not so common for scientific findings embedded in publications to be sieved and sifted and re-written for the benefit of the "laymen" who have interests in the broad subject area. This is what Koen and his co-author, Yuri Robbers have endeavoured to do, successfully and effectively, synthesising scientific work of a life time into two readable books that could be appreciated by anybody, and with the relevant links to the original scientific articles cited should a reader wishes to pursue further details.

I only wish that many other scientists would follow this example; particularly in this era when science and society are so interlinked, and science is at its best when it is made meaningful and comprehensible to the layman.

Congratulations to Koen and Yuri.

SENA S. DE SILVA
Honorary Professor, Deakin University,
Warrnambool, Victoria, Australia

Woord vooraf

Ziehier het tweede deel van ons boek 'Barbelenverhalen'[1]. Het draagt een andere ondertitel, maar is in alle opzichten een vervolg op deel 1. Samen omspannen zij een onderzoeksproject van vóór 1960 tot 1998. Deel 1 begon in het laboratorium in Leiden waar, hoog in het torengebouw aan de Kaiserstraat, onder zacht geborrel en gesuis, het gedrag van tropische barbelen bestudeerd werd. Barbelen? Iedereen die thuis wel eens een verwarmd aquarium gehad heeft kent ze wel: sumatraantjes, purperkoppen, prachtbarbelen en vele andere; levendige visjes en mooi van kleur en tekening. Loop een flinke aquariumwinkel binnen en ze hebben ze. In het Latijn heetten ze vroeger *Barbus*, daarna *Puntius* en intussen veranderen de namen alwéér; en er bestaan (veel) meer dan 100 soorten van, allemaal verschillend van uiterlijk én gedrag.

Jaren laboratoriumwerk maakten ons nieuwsgierig naar waar en hoe deze vissen in de natuur leefden. In de toenmalige literatuur was daar niets bruikbaars over te vinden. "Tropisch Azië" was in de boeken het areaal van het hele geslacht, en "beschaduwde plekken in rivieren van Zuidwest Sri Lanka" of "benedenloop Irrawaddy" waren nog de meest precieze aanduidingen. Wel kenden we het gedrag van een klein aantal soorten zo goed dat we over hun natuurlijke habitat een paar voorspellingen konden doen. Dus trokken we naar de tropen om die te toetsen. Wat we daar ontdekten en beleefden vormde samen met de Leidse tijd de inhoud van deel 1.

Eenmaal in de tropen kregen we pas goed inzicht in de rijkdom en veelvormigheid van de daar aanwezige onderwaterwereld. Én van

---

[1] Barbelenverhalen; Vissen in Tropisch Water, Koenraad Kortmulder & Yuri Robbers, Brussel: ASP, 2011.

de dynamiek daarvan, want door de wisselende seizoenen barstten rivieren en plassen gigantisch uit hun voegen en krompen weer ineen op een schaal die we in onze streken allang niet meer kennen. We troffen ook allerlei soorten barbelen aan die hier in de handel nooit of zelden gezien worden. Een paar daarvan verzonden we zelf naar huis voor verdere studie van hun gedrag.

De Aziatische tropen leerden ons in wat voor soorten wateren barbelen leefden en welke voor hen te snel, niet zoet genoeg of te modderig waren; waar iedere soort zich ophield, wat ze aten en door wie ze gegeten werden. Toen we daarmee voldoende vertrouwd waren, konden we een realistisch overzicht maken van alle natuurlijke watertypen waarin de diverse soorten hun habitat hebben. In het laboratorium konden we zoveel soorten bestuderen dat we ook een overzicht kregen over de mogelijke typen van gedrag, met name voortplantingsgedrag. Toen kwam het spannende moment dat we die twee indelingen, van habitat- en van gedragstypen naast elkaar konden leggen en uitzoeken of er een correspondentie tussen de twee bestaat; want die zou betekenen dat ieder gedragstype aan een bepaald watertype aangepast is. Over deze fase van het onderzoek gaat dit tweede deel: het laboratoriumwerk ná het veldwerk en daardoor geïnspireerd.

Onderzoek in een laboratorium levert veel cijfers en tabellen. Laat u daardoor niet afschrikken. We hebben ze apart bij elkaar gezet in de Appendix, samen met hun wetenschappelijke interpretatie. In de komende hoofdstukken presenteren we alleen resultaten, in de ons eigen rustig-wandelende stijl. Ben je zelf een wetenschapper met voldoende tijd (tegenwoordig al wel haast een anachronisme), dan kun je in de Appendixen naar hartelust grasduinen, of je door onze interpretaties laten rondleiden.

Conservatief zijn we gebleven in het gebruik van de wetenschappelijke namen. In deel 1, op de grijze pagina's 19 en 20, gaven we een overzicht van recent beschreven nieuwe soorten barbelen. Het ging hierbij voornamelijk om verdere opsplitsing van al lang erkende soorten. Intussen hebben de systematici niet stil gezeten. Pethiyagoda, Meegaskumbura en Maduwage gingen in 2012[2] zo ver een een hele reeks leden van het geslacht *Puntius* af te splitsen en er nieuwe geslachten voor te creëren. Zo werden de bekende *Puntius nigrofasciatus, P. cumingii, P. reval, P. bandula, P. ticto* en *P. conchonius* ondergebracht in het nieuwe geslacht *Pethia*. (Aangezien *Pethia* als een vrouwelijk woord beschouwd wordt, verandert *nigrofasciatus* in *nigrofasciata*). *Puntius melanampyx* ging behoren tot het ook nieuw gecreëerde geslacht *Haludaria*[3] en *P. filamentosus* heet nu samen met een aantal nauw verwante soorten *Dawkinsia*. Het is afwachten of dit stand houdt. Het veld is in beweging en het lijkt ons onverstandig achter ieder nieuw voorstel aan te hollen. De meest practische reden voor ons om bij de oude namen te blijven is dat het voor de lezer schier onmogelijk zou worden om beide delen te lezen als de besproken soorten ineens heel anders zouden heten. Voor de juiste moderne namen, zie Eschmeyer (online)

Eén uitzondering hebben we gemaakt, ook ten behoeve van het leesgemak. Om niet steeds "*cumingii*-geelvin" of dito-"roodvin" te moeten schrijven, gebruiken we in dit deel de namen *P. cumingii* voor de vorm met helder gele vinnen met zwarte rand en dito pikkeltjes en *P. reval* voor de roodvinnige[4].

In deel 2 komen een paar soorten aan bod die in deel 1 niet afgebeeld waren. Dat zijn *Puntius bandula, P. narayani, P. phutunio, P. padamya* (vroeger wel bekend als 'odessabarbeel'), *P. dorsalis, P. oligolepis* en dus de (geelvinnige) *Puntius cumingii*. Van deze laatste soort hebben we helaas geen foto. Van de overige soorten zijn foto's te vinden op mijn blog[5].

---

[2]R. Pethiyagoda, M. Meegaskumbura & K. Maduwage, 2012. A synopsis of the South Asian fishes referred to *Puntius* (Pisces; Cyprinidae). *Ichthyol. Explor. Freshwaters* 23(1): 69–95.

[3]Na nog even *Dravidia* geheten te hebben, maar die naam bleek al bezet te zijn (Pethiyagoda, 2013) . A replacement generic name for *Dravidia. Zootaxa* 3646(2): 199.

[4]In deel 1 gaven we al aan geneigd te zijn de nieuwe soortstatus van de roodvinnige (maar in bepaalde streken ook bleek-geelgevinde) *Puntius reval* te erkennen als afsplitsing van *Puntius cumingii* (Meegaskumbura *et al.*, 2008). In het aquarium hebben we geconstateerd dat de twee "*cumingii's*" ook in gedrag enigermate verschillen (zie hoofdstukken III.4 en IV). Onze redenen voor de namen in dit boek zijn echter puur practisch.

[5]http://natuurenkunstgrepen.blogspot.nl/2017/03/barbelen.html

Beste Lezer, misschien is het goed je van te voren attent te maken
op de *verschillende manieren* waarop we barbelensoorten vergeleken
hebben. Ten eerste is daar de (familie)verwantschap. Dat gaat over
groepen soorten die op gemeenschappelijke voorouders teruggaan,
zoals bijvoorbeeld de soorten die we boven opgenoemd hebben bij
de naam *Pethia*. Daar horen nog veel meer soorten bij, met name
afkomstig uit heel India en minstens Myanmar (Birma); gewoonlijk worden ze allemaal samen aangeduid als de *conchonius*-groep of
de *nigrofasciatus*-groep (Taki *et al.*, 1978; Kullander & Fang, 2005;
Kortmulder, 1972). Van de door ons behandelde soorten horen daar
nu ook *P. narayani*, *P. phutunio* en *P. padamya* bij. Onderling aan
elkaar verwant zijn ook *P. filamentosus* en *P. arulius*; en *P. sarana*,
P. asoka, *P. martenstyni* en *P. pleurotaenia* (Pethiyagoda *et al.*,
2012).

In deel 1 introduceerden we de verschillende *voortbewegingsty-*
pen (snelle starters, manoeuvreerders en staanders), verschillende
typen reacties op predatoren (pesten, chaotisch gedrag, verbergen,
vluchten) en verschillende manieren van *voedselvergaring* (bodem,
waterkolom, bladoppervlakken, kraken van slakken, *etc*). Dat zijn
dus bijvoorbeeld indelingen *twee, drie* en *vier*. Al die indelingen
staan min of meer los van elkaar en van de onderlinge verwantschap.
Alleen bepaalde reacties tegenover roofvissen houden duidelijk verband met de verticale strepentekening van de zogenaamde 'tiger
barbs'. Wie er het fijne van wil weten, kan terecht op de grijze
pagina's 19–21 van dit boek. *Ten vijfde* maken wij nu een typenin-
deling van de verschillende manieren van paaigedrag (aggregerend,
territoriaal; seizoensgewijs of het hele jaar, *etc*). Dát is een hoofdthema van dít boek en we kunnen wel al verklappen dat ook die
typologie van het paaigedrag dwars door de familieverwantschap-
pen heen loopt (hoofdstuk III.2 en de grijze pagina's 19–21). Al die
verschillende indelingen die als niet op elkaar passende rasters over
de soorten barbelen heengelegd kunnen worden maken het verhaal
misschien wat ingewikkeld, maar in onze ogen is het juist dát wat het
hele onderwerp zo eeuwig fascinerend maakt. We zien de evolutie als
het ware nog in actie. En in de evolutie ontwikkelt een soort zich
niet rechtlijnig één kant op, maar in onderscheiden richtingen, al

naar gelang het over voedselspecialisme, verweer tegen roofvijanden of over maximaal profijt van beschikbare paaigronden gaat.

Een belangrijke taak van de schrijver is het om te zorgen dat de lezer niet in zijn boek verdwaalt. Daarom bieden we u hier een korte wegwijzer door de hoofdstukken heen. Eén leidraad begint bij hoofdstuk II en betreft de schijnbaar eindeloze variatie in vormen van het paaigedrag bij de verschillende soorten barbelen. In hoofdstukken II en III brengen we die variatie terug tot 8 *gedrags-typen*. Een tweede draad verbindt die gedragstypen met voor ieder type een bepaalde vorm van habitat. Daartoe interpreteren we in hoofdstuk I een schier eindeloze variatie in vormen van zoetwater tot een overzichtelijk systeem van 8 *watertypen* die voor barbelen een geschikte *habitat* kunnen zijn. In hoofdstuk IV passen we de *gedragstypen en de habitattypen* aan elkaar. Daarmee verkrijgen we een sterk argument voor de hypothese dat de eigenschappen van elke soort in de loop van de evolutie ontstaan zijn als vele, kleine aanpassingen aan ieder's specifieke habitat. Een verdere ondersteu-ning van die hypothese vinden we in hoofdstuk V, in de relatieve *voortplantings-successen* van de mannen in concurrentie met soort-genoten. Voor de lezer die, net als wij, een verhaal liever ook in een plaatje uitgedrukt ziet, leggen we het gehele resultaat in hoofd-stuk VI nog een keer uit aan de hand van 'functionele kaarten', schema's die de functionele relaties tussen eigenschappen weergeven. Alles mooi, maar dan slaat in hoofdstuk VII de wetenschappelijke twijfel toe. De resultaten kloppen met elkaar en passen in het huidig gehanteerde paradigma van evolutie door natuurlijke selectie, maar betekent dat nu dat het de enig mogelijke verklaring is? Misschien, maar in hoofdstuk VIII ontwikkelen we nog een alternatieve visie die onzes inziens de moeite van het overwegen waard is, hetzij als vol-ledig andere verklaring, hetzij als partner in een mengsel van beide interpretaties.

De klassieke ethologie van na de oorlog inspireerde de psychologi-sche wetenschappen; de evolutietheorie volgens E.O. Wilson (1975) en R. Dawkins (1976) deed hetzelfde bij de economen. Die tijd lijkt voorbij, maar het is goed zich te realiseren dat ook de ethologie intussen verder ontwikkeld is. De grootste gemene deler van die ontwikkelingen is de verbreding van het blikveld naar grotere eenheden van gedrag en evolutie.

In plaats van alleen agressie — vlak na de oorlog een begrijpelijke belangstelling — en andere motivaties die als onderling onafhankelijke bronnen met elkaar wedijverden om zich te uiten, kijkt men nu naar grotere verbanden. Bijvoorbeeld proactieve versus reactieve 'karakters': een manier om dieren te karakteriseren aan de hand van meerdere samenhangende eigenschappen. De basis hiervoor is gelegd in het werk van Huntingford (1976) en Kortmulder (1986), enkele decennia geleden. Dat was werk aan vissen. Ook bij knaagdieren zijn dergelijke karakters gevonden door van Oortmerssen en Bakker (1981), hoewel zij het theoretisch kader niet bespreken. Ook Koolhaas *et al.* 1999 vinden dergelijke patronen. Later is het werk aan karakters nog uitgebreid tot zogeheten 'modi' van sociaal gedrag: de agonische tegenover de hedonische modus die ieder hele gedragssystemen omvatten en aldus op grote schaal het gedrag van een individueel dier (of mens) tekenen. Dat idee is in eerste instantie ontwikkeld om apengedrag te begrijpen door Chance en Jolly (1970). Diverse anderen, vooral Michael Chance zelf (zie bijvoorbeeld Chance 1984, 1988), hebben die ideeën later nog verder uitgebreid, en Kortmulder en Robbers (2005) hebben laten zien dat een nog verder gegeneraliseerd model zelfs van toepassing is op alle vertebraten, en dat het op deze manier bestuderen van sociaal gedrag ook nieuwe inzichten geeft in evolutie en ontwikkeling. Dat is heel wat anders dan agressiviteit of hebzucht als simpele drijfveer. De samenhang van eigenschappen in zulke 'karakters' blijkt bij dieren zo essentiëel voor het overleven, dat ze alleen als geheel over kunnen erven.

In dit boek en het reeds gepubliceerde deel 1 (Kortmulder & Robbers, 2011) vindt u deze ontwikkelingen op verschillende plaatsen terug (deel 1 pp. 21-28, 47-50; deel 2 hoofdstukken II en VIII). Op deze manier krijgt u niet alleen de resultaten van een groot onderzoek gepresenteerd, maar ziet u ook hoe het vakgebied van de ethologie zelf fundamentele veranderingen doormaakte en geworden is tot wat het vandaag de dag is: een wetenschap met een sterk ontwikkeld theoretisch raamwerk waarbinnen niet alleen het gedrag van individuen bestudeerd wordt, maar vooral ook de interacties tussen die individuen.

Tenslotte een stijl-kwestie. Een boek met twee auteurs is logischerwijs in de 'wij'-vorm geschreven. Soms staat er echter 'ik'. Dat komt door ons leeftijdsverschil. Die 'ik' is steeds de eerste auteur.

Veel dank zijn we verschuldigd aan Dr Jacques (J.J.M.) van Alphen voor het kritisch doorlezen van een eerdere versie en inspirerende suggesties voor verbetering van de presentatie.

Hoofdstuk I

Terug naar de tekentafel

I.1 Habitat-typen; van zomaar water naar habitat

"Vom Wasser haben wir's gelernt"

(Müller-Schubert; Die Schöne Müllerin)

Beekjes, rivieren, moerassen, meren en periodieke overstromingen: we hebben tropisch water in vele verschijningsvormen leren kennen; helder, troebel of als donker kristal, snel of langzaam, zilt of chemisch bijna leeg. En alom barbelen. Het is makkelijker om af te grenzen waar ze níet voorkomen: in snel water (dat is sneller dan een verhang[6] van 2,5 à 5%) en in brak of zout. In alle andere wateren kun je ze vinden in onderste en middelste waterlagen. Specialisten

---

[6]Het verhang van een waterstroom wordt hier gemeten in daling van het bed per strekkende meter. 1 procent = 1 centimeter per meter. Dat is een globale maat over de hele breedte van de stroom; daarbinnen zijn er plekken met luwer en met sneller water. In rust zoeken alle soorten de luwere plekken. Het vermogen om stukjes snel water te doorkruisen verschilt echter sterk per soort (zie deel 1: voortbewegingstypen). De stroomsnelheid van de habitat als geheel kan men het beste uitdrukken in de globale maat van het verhang. Behalve voor snelwater-specialisten als *P. bimaculatus* en *P. melanampyx*, ligt de limiet voor barbelen bij ongeveer 2,5%. Voor details zie verder Kortmulder *et al.* (1990).

voor de oppervlaktelaag zijn er niet bij. Die niche wordt bezet door gespecialiseerde Karperachtigen (*Rasbora, Danio*) en andere families zoals Tandkarpers.

Tja, de constatering dat ze in allerlei typen water voorkomen is niet erg opwindend. Als we dat vanuit het laboratorium voorspeld hadden, dan hadden we de bevestiging daarvan niet uitbundig gevierd. Voor interessante resultaten moesten we op kleinere schaal kijken: op die van verschillende soorten.

In deel 1 hadden we het al over de aanpassingen van de voortbewegingstypen aan verschillende stroomsnelheden (staanders, snelle zwemmers en manoeuvreerders)[7]. Verder waren er verbanden tussen bepaalde kleurpatronen en waterhelderheid, bijvoorbeeld de 'tiger barbs' en hun dwarse streeppatronen[8], die alleen in helder water effectief konden zijn om roofvissen in de war te brengen. In dít deel zal het gaan over de enorme soortsverschillen in *voortplantingsgedrag en -kleuren*, en de betekenis daarvan tegen de achtergrond van de soortspecifieke habitats.

In deel 1 lieten we zien hoe de verschillende aspecten van het paaigedrag binnen iedere soort functioneel met elkaar samenhangen[9]. Je kon die relaties tussen eigenschappen mooi samenvatten in een zogenaamde 'functionele kaart'. Die functionele kaarten reproduceren we in dit boek, voorzien van de nodige uitleg in hoofdstuk VI op p. 61. Ieder van die functionele kaarten heeft één of enkele kernpunten vanwaaruit alle andere eigenschappen functioneel te begrijpen zijn. De opgave voor dít boek is nu om uit te vinden hoe *die kernpunten samenhangen met de specifieke habitats.*

In dit hoofdstuk zoeken we eerst een weg in de talloze schakeringen van *water*-typen. In volgende hoofdstukken zullen we *gedrags*typen bespreken en laten zien hoe je er daarvan een stuk of acht kunt onderscheiden: de oude vertrouwde purperkop[10]- en sumatranen[11]-typen plus zes nieuwe. Tenslotte zullen we de gedragstypen naast de wa-

---

[7]Deel 1, hoofdstuk I.7.
[8]Deel 1, hoofdstuk I.5 en I.6.
[9]Deel 1, hoofdstuk III.12.
[10]*P. nigrofasciatus.*
[11]*P. tetrazona.*

tertypen leggen en bekijken of er tussen de twee een correspondentie bestaat.

Puur naar het water kijkend kun je zoveel typen onderscheiden dat je in de veelheid bijna verdrinkt. Hoe perken we dat in? Het beste zou zijn om door de ogen van de barbelen te kijken hoe zíj de wateren indelen. Dat kunnen we niet, maar we kunnen wel beredeneren wat voor hén belangrijke aspecten zijn in de onderwaterwereld. Op grond van het vroege laboratoriumwerk vermoedden we al dat er soorten zijn die aparte paaiplaatsen hebben, buiten het gebied waar ze normaal verblijven en fourageren[12]. Op die manier kon in de natuur verhinderd worden dat ze hun eigen, versgelegde en bevruchte eieren zouden opeten. In het aquarium doen ze dat wél. Het kiezen van aparte paaiplekken kan ook verder van belang zijn, met name voor de veiligheid en de ontwikkeling van de eieren en jonge visjes. Zo zullen de paaigronden veelal stromingsluw zijn, relatief veilig voor ei-predatoren, helder en relatief rijk aan zuurstof ten behoeve van de ontwikkeling.

Om de bevruchte eieren op de meest geschikte plaatsen te deponeren zal vooral een zorg van de vrouwtjes zijn, want díe hebben al veel geïnvesteerd in het aanmaken van de dooierrijke eicellen. Als die 'op' zijn, duurt het lang voor ze weer nieuwe geproduceerd hebben. De mannen investeren meer in extensief baltsgedrag tegen elk willig vrouwtje dat zich aanbiedt, en in onderlinge concurrentie. Hún streven zal zijn om, eenmaal op de paaiplaats aangekomen, zoveel mogelijk eicellen te bevruchten, liefst meer dan de concurrenten. Bij barbelen, waarbij de vrouwtjes hun eieren maar mondjesmaat per paring prijsgeven, betekent dat bij benadering: zoveel mogelijk paringen; en vandáár: zoveel mogelijk aan balts besteedbare tijd. Weliswaar kost iedere paring een klein wolkje zaadcellen, zodat de voorraad aan het eind van een paaiperiode wel eens op zou kunnen zijn, maar aanmaken van nieuw sperma kan waarschijnlijk snel, omdat er geen voorraadje voedsel ingestopt hoeft te worden. Het bovenstaande geldt voor promiscue voortplanting, dat wil zeggen dat er geen paarvorming plaats heeft, maar ieder met ieder kan paren. Dat is bij barbelen het geval.

---

[12]Deel 1, hoofdstuk III.12; IV.17.

Gedragsmatig zijn er minstens twee manieren waarop een man op zijn rivalen kan winnen: domineren of territorium-vormen. Het eerste werkt het beste als een groepje mannen dicht op elkaar zit en er weinig willige vrouwen zijn; het tweede is gunstiger als er veel ruimte per man beschikbaar is en de vrouwen actief op zoek gaan naar aantrekkelijke mannen. Zitten er véél mannen opeengepakt in een begrensde ruimte, dan loont zelfs domineren de moeite niet. Het belangrijkste is dan om in het gewoel weerbaar te blijven tegenover de concurrenten. Echter, een laatste mogelijkheid voor een man is om de concurrenten te negeren en beter te báltsen dan de anderen. Dat kan vooral aantrekkelijk zijn als er veel willige vrouwen zijn.

In elk geval zal het gunstig voor mannen zijn om tijdig in het paaigebied aanwezig te zijn, liefst voordat de vrouwen daar arriveren. Dan kunnen ze hun territoriale of dominante status alvast bevechten zonder dat dat hun baltstijd kost.

Kunnen we nu watertypen definiëren die passen bij deze tactieken van de vissen? Laten we eerst maar eens kijken naar die soorten die aparte paaiplaatsen hebben. Zijn die plekken altijd toegankelijk en worden ze periodiek door alle baltslustige individuen bezocht, bijvoorbeeld altijd op dezelfde tijd van de dag? Dat is een logische combinatie, want er moet ook gegeten worden, en als je er niet op dezelfde tijd heen gaat als de anderen, kom je er al gauw niemand tegen. Óf komen die gunstige plekken alleen beschikbaar als het water stijgt? Dán kun je je beter níet op een bepaalde tijd van de dag richten, maar liever opletten of je tekenen van op handen zijnde waterstijging opmerkt, en/of je voorbereiden op een seizoen waarin altijd veel regen valt. Goed, laat dit de *eerste parameter* zijn, met *twee toestanden*: de habitat is in de tijd *constant* van vorm en afmeting, of hij wisselt met de *seizoenen*[13] door stijging en daling van de waterstand.

Als *tweede parameter* kiezen we de *relatieve schaarste* van goede paaiplaatsen. Laten we daarbij *drie toestanden* onderscheiden: het gezamenlijk oppervlak van geschikte paaigronden is *klein* t.o.v. het dagelijkse leefgebied, het is ongeveer *even groot,* of het is veel *groter.*

---

[13]Het hoeft hierbij niet strict om een jaarcyclus in het klimaat te gaan; ook kortstondiger wisselingen in regenval kunnen deze rol vervullen.

Tabel I.1 – De watertypes worden bepaald door enkele parameters. De eerste twee parameters leveren zes types op.

ruimte habitat	% oppervlak dat paaigrond is	
	klein	[1]
constant	even groot	[2]
	groot	[3]
	klein	[4]
seizoenen	even groot	[5]
	groot	[6]

Deze parameter heeft invloed op de dichtheid van paailustige dieren op de paaiplek: als de plekken schaars zijn, kan het aanbod aan medespelers hoog oplopen. De dichtheid op de paaigronden stelt weer eisen aan de tactieken van de mannen, zoals we boven zagen. Als er ruimte te over is, kunnen de mannen zich allemaal een flink territorium veroorloven. Dat betekent dat de vrouwen de individuele mannen actief moeten gaan opzoeken, en dóórzetten om de manlijke, territoriale agressie te neutraliseren.

De eerste twee parameters leveren zes combinaties (Tabel I.1). Twee daarvan kunnen we als volgt elimineren.

De combinatie waarbij het milieu constant is in de tijd en de potentiële paaigronden veel groter dan de eet-gronden [3] is niet zo realistisch. Het reserveren van delen van de habitat om daar te paaien betekent immers dat daar niet gegeten 'mag' worden. Maar voedselopname is voor individuele vissen evenzeer van belang als voortplanting, en dus is niet waarschijnlijk dat ze zo'n groot deel van hun habitat braak zouden laten liggen[14].

Dat bij overstromingen een oppervlak aan paaigronden vrij komt dat ongeveer net zo groot is als het laagwater-leefgebied [5] is niet onwaarschijnlijk, maar het is de vraag of het zin heeft zo'n speciale

---

[14]Je kunt nog veronderstellen dat die plekken juist als eet-gebied minder aantrekkelijk zijn, bijvoorbeeld omdat er minder (geschikt) voedsel leeft of omdat ze gevaarlijker zijn, maar dan zou toch de dichtheid van fouragerende vissen in het eetgebied een punt kunnen bereiken dat de nadelen van het potentiële paaigebied opwegen tegen die van de gewone eetruimte.

Tabel I.2 – Wanneer we de bepalende parameters beter bekijken, blijven slechts vier zinvolle combinaties en dus vier watertypes over. De nummers van de habitat-typen corresponderen niet met die van de vorige tabel; vandaar andere haakjes!

ruimte habitat	% oppervlak dat paaigrond is	
constant	klein	(1)
	coëxtensief	(2)
seizoenen	klein	(3)
	groot	(4)

of toevallige toestand te onderscheiden. Die combinatie kunnen we dus ook laten vallen. Voor de overeenkomstige variant bij constant milieu [2] geldt iets dergelijks, maar daar kunnen we er een reële betekenis aan hechten: het paaigebied is *coëxtensief* met het totale leefgebied. Dat wil zeggen dat de hele habitat overal als paaigrond even goed (of even slecht) is; de dieren hebben gewoon geen keus. (Daarmee zijn we overigens aangeland bij de soorten zónder aparte paaiplekken). Dus houden we er nog maar vier over (Tabel I.2).

Nu nóg een parameter, want niet alleen het totale oppervlak aan paaigronden is belangrijk, maar ook de absolute afmeting per plek. De paaiplaatsen van de Purperkoppen in Nanniketa Ela en Udugama Dola[15] waren schaars, zo ongeveer één paaiplaats per km rivierlengte, maar ieder van die plaatsen was behoorlijk groot, in de orde van grootte van vierkante meters of meer. Het aanbod aan paailustige vissen kon in de 10-tallen lopen; bij de grootste, bovenin Nanniketa Ela, zelfs zo'n 150 (waarvan 2/3 man) op het hoogtepunt van de activiteit. Zo'n groot oppervlak is onmogelijk door één man als territorium te verdedigen, zeker bij dermate talrijke concurrentie. Als hetzelfde oppervlak echter verdeeld of geleed zou zijn in vele kleine stukjes, dan zouden de meeste mannen wellicht wél met succes territoriaal kunnen worden. Purperkoppen zijn hieraan dus niet aangepast, maar bijvoorbeeld *Puntius reval* (vroeger dus

---

[15]Bochtige bosriviertjes in Zuidwest Sri Lanka; zie Kortmulder *et al.* (1978); Schut *et al.* (1983).

Tabel I.3 – Wanneer we de ruimtelijke structuur van de paaiplaats als derde bepalende parameter in beschouwing nemen, hebben we acht zinvolle combinaties en dus acht mogelijke watertypes over. Er is weer een nieuwe, definitieve, telling van de habitat-typen: nu zijn er geen haakjes meer.

ruimte habitat	% opp. paaigrond	verdeling	
constant	constant	geheel	1
		verdeeld	2
	coëxtensief	geheel	3
		verdeeld	4
seizoenen	constant	geheel	5
		verdeeld	6
	groot	geheel	7
		verdeeld	8

P. cumingii met rode vinnen) en Narayan's barbeel[16] wél. Het is dus zinvol een *derde parameter* in te voeren met *twee toestanden*: de beschikbare paaigronden bestaan uit grote aaneengesloten stukken (*geheel*) of ze zijn verbrokkeld in stukjes die klein genoeg zijn om door individuele mannetjes met succes als territoor opgeëist te kunnen worden (*verdeeld*). Dat levert, samen met de andere twee parameters, acht combinaties op (Tabel I.3).

Deze schema's kunnen we zeker niet opvatten als mooie beschrijvingen van landschappen zoals wíj ze waarnemen. Ook voor vissen is er waarschijnlijk meer te beleven dan deze kale karakteriseringen, bijvoorbeeld kleur en geur, bodemsoort en 'meubilair'. Maar het is wel een indeling op grond van eigenschappen die voor het vissenleven essentiëel zijn. Hoe die in werkelijkheid ingevuld zijn kan sterk verschillen en valt niet uit het schema te voorspellen. Een paar voorbeelden mogen dit illustreren:

Naar ons beste weten bestaan de paaiterritoria van mannetjes-Nekbandbarbelen[17] in kleine, luwe plekjes die verspreid liggen in

---

[16] *P. narayani.*
[17] *P. melanampyx.*

overigens snelstromende riviertjes[18] (type 2). Bij de Kersrode barbeel[19] daarentegen worden de kleine leef- én paaiplekken in moerassige stroompjes van elkaar gescheiden door land of door heel dunne
siepeltjes die van het ene naar het volgende plasje lopen[20] (type 4).
De enorme paaivelden van de Sumatranen[21] in Tasek Bera[22], op
hun beurt, zijn geleed door 'kamers' in de uiteengetrokken massa's
blaasjeskruid (*Utricularia*) en ondergedoken rozetten en stronken
van schroefpalmen (*Pandanus*). Uit onze aquariumwaarnemingen
kun je afleiden dat mannetjes-Sumatranen zich gemakkelijk met één
of meer ieder aan een kant van zo'n rozet kunnen vestigen; een eindje
verderop weer zo'n stronk met enkele territoria, *etc.* Daar vloeien
eigenlijk milieu-type 7 en 8 in elkaar (tabel I.3). Dat er ergens ook
nog een zuiver type 8 bestaat, kunnen we echter niet uitsluiten.

Nu hebben we intussen al een en ander weggegeven over gedragstypen en hoe ze corresponderen met de zojuist gedefiniëerde typen
van onderwatermilieu's. In de volgende hoofdstukken (II en III)
gaan we ons echt op die gedragstypen concentreren. Het cijferma-
teriaal, niet eerder gepubliceerd[23], staat in Appendix A–C voor wie
het wil controleren. Maar… nu eerst even aandacht voor degenen
die eraan meewerkten en, terwille van de *couleur locale,* een blik in
de ambiance waar het lab-onderzoek plaats vond.

I.2   Wie en waar?

Voor een uitgebreid programma met zoveel soorten had ik veel,
goede studenten nodig; en die kreeg ik ook. Nu ja, *krijgen* deed
je ze niet. Na mijn eerste, idealistische jaren, waarin ik meende
dat studenten helemaal zelf moesten besluiten hoe hun studiepro-
gramma eruit ging zien, had ik gezien dat er door andere docenten
behoorlijk geronseld werd. Vooral de precandidaats-cursussen bo-
den prima gelegenheid om begaafde studenten aan te moedigen een

---

[18]Deel 1, hoofdstuk V.25, p. 86.

[19]*P. titteya.*

[20]Deel 1, hoofdstuk IV.18, p. 62

[21]*P. tetrazona.*

[22]Moerasmeer in de Pahang-rivier, West Malaysia; zie deel 1, hoofdstuk VI.

[23]Een overzicht zónder quantitatieve gegevens is wèl gepubliceerd: Kortmulder (1981).

onderwerp dat ze leuk vonden na hun candidaats te komen uitbou-
wen. In die tijd kwamen ze voor stages van tenminste zes maanden.
Ik gaf hen ieder, of getweeën, een 'nieuwe' soort, d.w.z. nieuw voor
dit onderzoek, en stelde een standaardprogramma op: groepen van
verschillende, vaste samenstelling in diverse aquaria, en tenslotte
streng quantitatieve waarnemingen in één daarvan[24]. In de loop
van een paar jaar spaarde ik zo gegevens over heel wat soorten bij
elkaar.

Lezer, ik hoor dat u twijfelt. U vreest dat je zo verschillende waar-
nemers vergelijkt, tenminste evenzeer als verschillende soorten. Dat
vreesde ik ook, en daarom bemoeide ik me intensief met deze stages. Ik maakte me van te voren vertrouwd met de eigenaardigheden
van iedere soort en werkte de studenten, samen voor het aquarium
gezeten, in. En vóór ik hun quantitatieve registraties vertrouwde,
spiekte ik op afstand mee tot ze hun toetsenbord bespeelden zoals
ik het zelf gedaan zou hebben. Voor de vergelijkbaarheid van de
gegevens steek ik dus m'n hand wel in het vuur — *as the saying
goes.*

In Appendix F op pagina 158 staan ze allemaal genoemd, met de
soorten waaraan ze werkten. Hun verslagen zijn hier in mijn archief.
Ik ben hun veel dank verschuldigd[25]. In toewijding en zorgvuldig-
heid gaven ze elkaar weinig toe. Ze verschilden wél in temperament,
tenminste zoveel als de vissoorten die zij bestudeerden.

Alexander's blonde marinierssnit of Nico's lange, donkere krullen
à la Stadhouder Willem II, de lichte devotie waarmee Olga haar
aanstaand huwelijk met een arts tegemoet zag, het oorringetje van
Paul, of het flegma van Henk, dat geheel tegengesteld was aan de
passie waarmee zijn vissen, *P. titteya*, elkaar bejegenden. Allemaal
verschillende werelden. "Dat lijkt me niet zo zinvol", zei Alexander
dan netjes, als hij meende dat een of andere berekening overbodig

---

[24] Alle groepen hadden evenveel mannen als vrouwen: 6+6, 3+3 of 2+2, ieder
in een passend formaat van aquarium (meestal 300 × 100, 125 × 40, resp. 60 ×
35cm grondvlak). Voor de streng quantitatieve waarnemingen werden de 2+2
groepen gebruikt (Tabellen B.2–B.5 in Appendix B).

[25] Het overzichtsartikel Kortmulder (1981), en de betreffende hoofdstukken in
twee boeken (Kortmulder, 1998; Kortmulder & Robbers, 2005) hadden zonder
hen niet geschreven kunnen worden. Hopelijk krijgen zij ook dit boek onder
ogen.

was. Een zelf-oordelende student zoals ze allemaal zouden moeten zijn of worden. Als ik zo'n gegeven toch voor de vergelijking van soorten nodig had, hoefde ik me maar te beroepen op het *teamwork*, en dan deed hij het. Paul, geboren en getogen Leidenaar, had zijn candidaats aan de UvA gedaan. Vandaar zijn toen voor Leiden nog uitzonderlijk hippe uitmonstering. In de herfst toog hij altijd een maand of twee naar Frankrijk om er met het gemene volk in de wijnoogst te werken. Genoot er van het ongecompliceerde leven dat doorspekt was van grove grappen. In zijn werk híer viel hij eerder op door fijnzinnige precisie. Niemand kon zo mooi een bak beplanten, met gelijkmatige dichtheid horizontaal en verticaal, zoals het voor de proeven nodig was. Eén ochtend, stafcolloquium-dag, kwam hij tegen zijn gewoonte laat. Had zaken moeten doen met een aardige Turkse buurman. "Neuken is lekkerder" had hij voor het raam gehangen — een typisch zeventigerjaren appèl om de drugs af te zweren. De buurman had op de prikkel gereageerd met een steen door de ruit. Het Nederlandse woord kende hij wel, maar de kern van de boodschap was hem ontgaan. In zijn afkeuring stond hij niet eens helemaal alleen; terwijl Paul vrijmoedig verslag deed, zag ik een paar van onze colloquiumgangers even de kin naar de keel trekken.

De proeven werden gedaan in het tropisch aquarium. Om er te komen, reisde je met de lift naar de zesde verdieping. Het openen van de liftdeur bood dan meteen toegang tot de zaal. Eén hoge ruimte was het, vol aquaria, met op iets meer dan halve hoogte een ruim balcon met nog meer bakken. Als je eronder vandaan trad, kon je in het plafond de gewapend-glazen ruiten zien, die zwart afstaken tegen het witte schuurwerk. Bij het ontwerpen van het torengebouw had bouwheer van der Klaauw zich, halverwege de jaren '50, een uitspraak van Tinbergen van vóór de oorlog herinnerd: mocht de afdeling ethologie nog eens een nieuwe behuizing krijgen, dan moest het licht er van boven invallen. Dan konden ze de modelproefjes, die ze in die tijd bij stekelbaarzen deden, onder natuurlijke lichtomstandigheden gaan doen. In de natuur immers komt het licht vooral van boven.

En zo kwam het dat de aquariumzalen op de hoogste verdiepingen van het nieuwe gebouw terechtkwamen, stekelbaarzen op de vijfde en tropische vissen op de zesde, allebei mét licht door het dak en geblindeerde ramen. Binnen een paar jaar werden de zalen compleet verduisterd. Intussen was namelijk het beheersen van daglengte-*régimes* belangrijker geworden dan daglicht, en de hele zaak werd nu verlicht met lampen op schakelklokken. Overigens zat de TL-verlichting tegen de plafonds gemonteerd en hing de directe verlichting recht boven iedere bak; dus met die natuurlijke richting van het licht viel het ook nog wel mee.

De getrooste moeite om zoveel water zo hoog te huisvesten gaf ook nog het grote voordeel dat het daarboven relatief stil en rustig was. Geen gedraaf in het trappenhuis, geen groepjes collega's of studenten die de liftdeur nog een tijdje open hielden om hun gesprek te kunnen beëindigen. Soms wel technici die iets kwamen controleren, of 'toeristen' die even visjes kwamen kijken. Het veiligst zat je op het balcon. Daar kon je bijtijds nog roepen: "*NIET* bovenkomen!" als je er één op het trapje hoorde terwijl je met een waarneming bezig was; of je kon een briefje op die trap hangen. Vissen plegen te reageren - meestal met schrik of paniek — op de minste beweging of trilling, dus je moest je proefnemingen wel goed verdedigen. Ik kan me maar enkele keren herinneren dat het allemaal niet hielp. Eén keer kwam de brandweer twee man sterk, de weg gewezen door Jan de Koning onze custos, het trapje óp stampen terwijl ik bezig was. Ze kwamen kijken of de brandslang er nog wel hing. Tegen deze plichtsbetrachting had m'n geschreeuw net zoveel kans als een demonstrant te voet tegenover een tank. De brandweer is gewend om te gaan met omwonenden die rare dingen willen. Een andere keer kwam de noodploeg van het lab, bij wijze van oefening in brandvrije jassen en met gesmoorde stemmen vanwege gasmaskers en zuurstof-flessen, een fictief slachtoffer uit de meterkast op de zevende verdieping bevrijden. Maar daar was ik van te voren voor gewaarschuwd. De leukste keer was toen, in de vroege jaren zestig, Piet Sevenster de liftdeur openwierp en door de zaal schalde: "allemaal ophouden met werken: de baas is professor geworden!!" Tja, dan moet je meteen naar beneden, Jan feliciteren terwijl hij bescheiden staat te doen en verzekert dat we het later nog wel vieren. Die proef doe je dan maar een keer over.

Tijdens de bouw hadden we gedroomd van een weelderige ambiance voor het tropisch aquarium. Warm, en al dat water, een soort kas waarin gatenplanten en hertshoornvarens rijkelijk van de balustraden zouden hangen en bananen vrucht konden dragen. Dat was een misrekening. Het klimaat kwam dichter bij dat van een woestijn, vooral 's winters als de weermachine koude en toch al droge lucht van buiten moest opwarmen en dus verder verschralen. Door die droge lucht verdampten de aquaria water waar je bij stond. Om wat minder vaak te hoeven bijvullen dekten we de bakken met doorzichtige platen. Dat scheelde in het werk, maar nam ook de enige bron van waterdamp weg. Meer dan een overwinterende cactus of *Euphorbia* kon er dan ook niet overleven.

Een bijkomend voordeel van alle aquaria in één grote ruimte was dat je bijna iedere bak ook van meters afstand kon zien. Als er dus straks staat dat bepaalde kleurpatronen of bewegingen opvallend zijn uit de verte of juist wegvallen tegen de achtergrond, dan berust die constatering op solide waarneming.

Als je uit de lift kwam, was er het gesuis en geborrel van de electrisch aangedreven filters bij de aquaria, de bromstem van de klimaatmachine en de circulatiewind uit de luchtblazers. Hoezeer die geluiden samen je ruimtelijke ervaring bepaalden, merkte je pas als ze er niet waren. Als de grote machine stilstond voor reparatie of onderhoud, kwam je voor je gevoel in een heel andere ruimte.

Je had ook de kans meteen in een grote plas te stappen. Door een kleine misrekening van de bouwer lag het laagste punt van de vloer in het midden van de zaal, vlak voor de liftdeur, in plaats van bij de afvoergoten die langs de wanden liepen. Voordeel was dat je meteen wist dat er iets lekte. Spannend was het als je in de zaal wilde zijn voordat de verlichting aan ging — voor waarnemingen bij het krieken van de kunstmatige dag, of om te controleren of het lichtrégime wel werkte. Na het aantikken van de lift moest je dan eerst de liftverlichting uitschakelen, dan pas de deur openen en de pikdonkere zaal instappen. Meestal was het droog...

Vanwege het risico dat er 's avonds nog mensen naar de zaal zouden gaan, durfde ik de licht-periode niet op de tropische lengte van circa 12 uur te brengen. Bij een beetje normale begintijd had het licht dan om een uur of acht in de avond gedoofd moeten worden.

Het openen van de verlichte lift kon dan al fataal zijn voor je ingestelde licht-donkerritme. Vissen gaan namelijk in donker wel in een
soort slaaptoestand, maar hun ogen kunnen ze niet sluiten. Daardoor leidt de minste lichtprikkel gedurende hun 'nacht' al gauw tot
verstoring van hun dag-nachtritme. Ik maakte er 10u in de avond
van, in de hoop dat die onnatuurlijk lange dag de natuurlijke ritmes
van de vissen niet zou verstoren. De ervaring heeft dat geloof ik wel
bevestigd.

Nu de resultaten. Die gaan in dit boek vooral over de mannen.
Het gedrag van een groep wordt natuurlijk door mannen en vrouwen
gezamenlijk gemaakt, maar hun rollen zijn heel verschillend. Barbelenmannen vormen al dan niet territoria en creëren hun eigen onderlinge relaties; en ze doen de opzichtiger delen van de balts. Vrouwen,
daarentegen, bepalen wannéér er gebaltst gaat worden. Alleen willige vrouwtjes — in perioden van een paar uur — werken mee aan de
paring; een mannetje kan dat niet forceren. Het nu volgende hoofdstuk gaat over de timing van de willigheidsperioden van de vrouwen;
iedere dag op hetzelfde uur of volkomen onvoorspelbaar? We gaan
kijken.

Hoofdstuk II

Vrouwen stellen de grenzen

II.1 Paaiperioden

Verreweg de meeste organismen hebben een soort interne klok, die ritmes in fysiologie en gedrag reguleert. Deze klok wordt gesynchroniseerd aan ritmes in de omgeving. Het bekendste voorbeeld zijn dag-nachtritmes. Het is namelijk voor heel veel planten en dieren handig zich te richten naar dag en nacht. Toch zijn er ook andere ritmes te vinden in de natuur. Denk aan de seizoenen, de stand van de maan of de getijden. Ook onze barbelen zijn onderhevig aan ritmes in gedrag. Paringen vinden bijvoorbeeld — voor zover we weten, althans — uitsluitend overdag plaats en niet middenin de nacht. Maar daarmee hebben we niet alle variatie tussen soorten te pakken. Sommige barbelensoorten paaien bijvoorbeeld vooral 's ochtends, anderen doen het op variërende tijden van de dag, en weer anderen wachten liever tot theetijd.

Voor dit soort verschillen is de cyclus van dag en nacht alléén onvoldoende verklaring. In de praktijk merken we dat dieren zich ook kunnen richten naar allerlei andere ritmes in hun omgeving. Het kan dan bijvoorbeeld gaan om ritmes in de activiteit van voedselorganismen, roofdieren of soortgenoten; of zulke dingen als regenval, fluctuaties in waterhoogte, vertroebeling of temperatuur. Bij de barbelen telt bijvoorbeeld de afstand tussen leefgebied en paaiplaats.

15

Om te achterhalen hoe het paringsgedrag van diverse barbelensoorten over de dag verdeeld is, zijn nauwkeurige waarnemingen gedaan aan groepen van mannen en vrouwen (Appendix G op p. 159).
Deze werden als groep ingezet in een aquarium, en gedurende een of
meer opeenvolgende dagen (een serie) waargenomen. In de natuur
hebben barbelen licht van ongeveer zes uur 's ochtends tot ongeveer
zes uur 's avonds. In het laboratorium handhaafden we, ten behoeve
van het comfort van de onderzoekers, een dag van acht uur 's ochtends tot tien uur 's avonds. In de aquariumzaal gingen 's ochtends
om acht uur eerst een paar lampen hoog in de hoeken aan; om kwart
over volgde de bakverlichting en om half negen de zaalverlichting.
Op deze manier ervaren de dieren een schemering die veel paniek
voorkwam. Om tien uur 's avonds ging het zaallicht weer uit, een
kwartier later de bakverlichting en om half elf de hoekverlichting.
Gedurende de lichtperiode werden de dieren waargenomen, zoveel
mogelijk over de hele periode, al lukte dat bij een aantal soorten
niet (zie Appendix). Daarbij werd bijgehouden welk percentage van
de dieren op welk moment van de dag nog niet hadden gepaaid, aan
het paaien waren, of er al klaar mee waren. Om uit deze gegevens
de noodzakelijke ritmes te filteren is nog niet zo eenvoudig. Eén
statistische methode, LOESS genaamd, blijkt echter niet alleen geschikt, maar levert mooie plaatjes op, waaraan we heel veel kunnen
zien. Met deze techniek hebben we de ruwe gegevens uit tabel B.2
op p. 106 verwerkt tot figuur B.1 op p. 110.

Wie precies wil weten hoe we de figuren geïnterpreteerd hebben,
kan zich uitleven in Appendix A (pp. 87–100). Hier vatten we alleen
samen. We zien dan dat er soorten zijn zonder duidelijk dagritme
zogenaamde gelegenheidspaaiers (*P. oligolepis*, *P. titteya* en *P. tetrazona*), en dezulken met een duidelijke voorkeurstijd. Daarbinnen
hebben we dan de ochtendpaaiers (*P. bimaculatus*, *P. ticto*, *P. narayani*, *P. filamentosus* en mogelijk ook *P. vittatus* en *P. lateristriga*), en de middagpaaier *P. melanampyx* (en wellicht *P. arulius*)
(Tabel II.1).

Op grond van niet-gequantificeerde waarnemingen van *P. nigrofasciatus* en *P. reval* (Kortmulder, 1972) behoort de eerstgenoemde
zeker bij de late ochtendpaaiers en *P. reval* waarschijnlijk bij de
gelegenheidspaaiers (zie tabel A.1).

Tabel II.1 – Paaitypen. (?) geeft aan dat van die soort maar één groep beschikbaar was; ? betekent: niet zeker.

soort	paaitype
P. filamentosus	ochtend
P. ticto	ochtend
P. bimaculatus	ochtend
P. narayani	ochtend
P. vittatus	ochtend(?)
P. lateristriga	ochtend(?)
P. melanampyx	middag
P. arulius	middag?
P. tetrazona	gelegenheid
P. titteya	gelegenheid
P. oligolepis	gelegenheid

Betreffende verschillende rasters en verwantschappen

In figuur II.1 staan 21 soorten, gerangschikt volgens verwantschap. De nieuwe geslachtsnamen die Pethiyagoda *et al.* (2012) aan de groepen hechtten staan erbij. In de kolommen rechts is te zien hoe een paar vorm- en gedragseigenschappen over de groepen verdeeld zijn.

Barbelen met een patroon van verticale strepen — de zogeheten *tiger barbs* — komen in vier verschillende verwantschapsgroepen voor. Dat getijgerde uiterlijk houdt sterk verband met 'pesten' en/of chaotisch gedrag als reactie op roofvissen (*Protean display*). Ook is te zien dat de 'tiger'-combinatie alleen voorkomt bij soorten met *manoeuvreren* als prominente voortbewegingswijze. Omgekeerd zijn lang niet alle manoeuvreerders ook tiger barbs.

Voortbewegingstypen lijken wel enigszins verband te houden met verwantschap. Zo zijn de meeste soorten van de *conchonius*-groep wel manoeuvreerders. Dezelfde bewegingswijze komt echter ook in andere groepen voor (figuur II.1). De verwantschapsgroep van *P. vittatus*, *P. dorsalis*, *P. bimaculatus* en *P. titteya* omvat drie soorten van het staande type en één snelle. Dus een zekere affiniteit met het staande type zit er voor deze groep wel in, maar staanders (zowel als snelle starters) zitten er ook in andere groepen (figuur II.1).

De manieren waarop barbelen voedsel vergaren zijn moeilijk in typen te vangen. In principe gaan ze allemaal nogal opportunistisch te werk. Als je gaat kijken bij een bruggetje waar vaak mensen staan die van alles in het water morsen of voeren, dan eten ze allemaal hetzelfde. Daartegenover staat dat iedere soort wel één eettechniek heeft die uniek is. Bijvoorbeeld het 'hameren' van *P. melanampyx* op

Rasters en verwantschappen

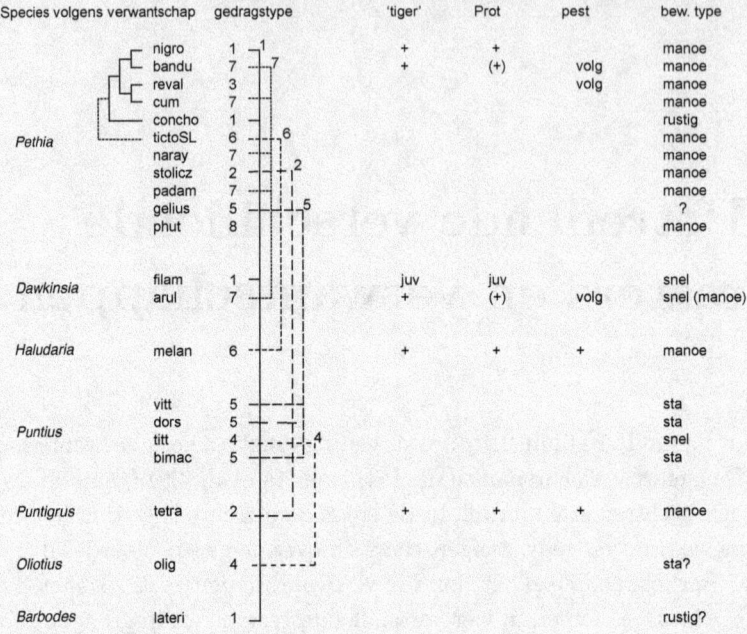

Figuur II.1 – Verschillende manieren om soorten te vergelijken: volgens verwantschap, type van paaigedrag, kleurtekening, reacties op roofvissen, of type voortbeweging. Kolom 3: gedragstypen bij voortplanting volgens de in dit boek gebruikte nummering. Kolom 4 t/m 6: reacties op roofvissen: 'tiger' = door locale bevolking 'tiger barbs' genoemd; Prot = Protean display; pest = pesten; + = in nabijheid roofvis waargenomen; (+) = alleen bij benaderen met netje; volg = in dichte troep van nabij volgen van roofvis met eventueel bijten in vinnen (arulius); bij *P. reval* en *P. conchonius* vormen de vlekken een 'woud van oogjes' dat ook fixeren van één individu bemoeilijkt; juv. = de juveniele *P. filamentosus* hebben dwarsstrepen (tiger) en vertonen Protean display; qua voortbeweging zijn zij staanders, de adulten zijn snel. Kolom 7: bew. type = voortbewegingstype; manoe = type manoeuvreerder; sta = type staander; snel = snelle starter; rustig = beweeglijk maar niet bijzonder snel. Zie verder deel 1, hoofdstuk I.

Kolom 2: afkortingen soortnamen bij *Puntius* achtereenvolgens: *nigrofasciatus, bandula, reval, cumingii, conchonius, ticto* (Sri Lanka), *narayani, stoliczkanus, padamya, gelius, phutunio, filamentosus, arulius tambraparniei, melanampyx, vittatus, dorsalis, bimaculatus, titteya, tetrazona, oligolepis, lateristriga.* Geheel links: de nieuwe geslachtsnamen.

kuiltjes in een steen, het 'zandzuigen' van *P. dorsalis*, het systematisch afgrazen van verticale plantenbladeren op algjes en infusoriën door *P. vittatus*, het 'opwapperen' van bodemstof met de ventrale vinnen zoals alleen *P. conchonius* doet en het 'slakkenkraken' met de keeltanden dat de specialiteit van *P. lateristriga* is. *P. sarana* eet ook huisjesslakken, maar die slikt ze heel door.

In figuur II.1 zijn ook de paai-gedragstypen aangegeven die in dit boek beschreven worden. Ze zijn genummerd van 1–8. Met behulp van de grote haken is te zien hoe deze typen dwars door de verwantschapsgroepen heen lopen.

Hoe doen ze 't eigenlijk?

Als je 40 jaar naar gedrag van barbelen gekeken hebt, vergeet je wel eens dat niet iedereen weet hoe dat gedrag eruitziet. Daarom dit stukje beschrijving. Er zijn in het paaigedrag van barbelen twee grote categorieën: *balts* en *vechtgedrag*.

1. *Balts* is het voorspel van een man en een vrouw ter inleiding op de *paring*. Bij de man geldt voor alle soorten een vast basispatroon. Hij nadert de vrouw meestal zo dat hij vlak onder haar uitkomt. Vanuit deze positie, waarin hij met de vrouw meezwemt, kan hij vóóruit van haar wegzwemmen, meest horizontaal of omhoog. Dat

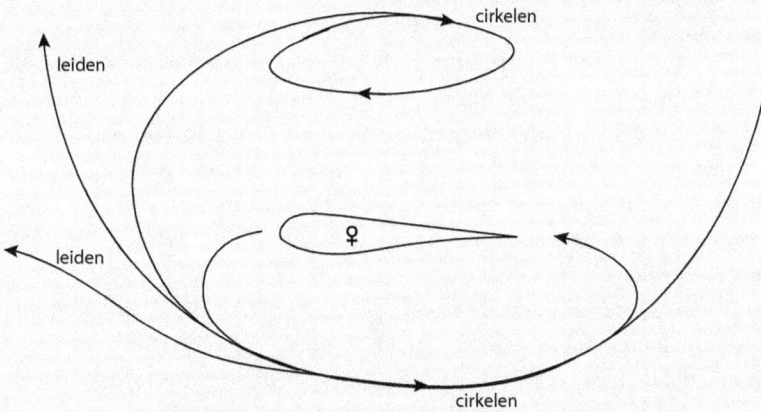

Figuur II.2 – De baltsbewegingen schematisch weergegeven.

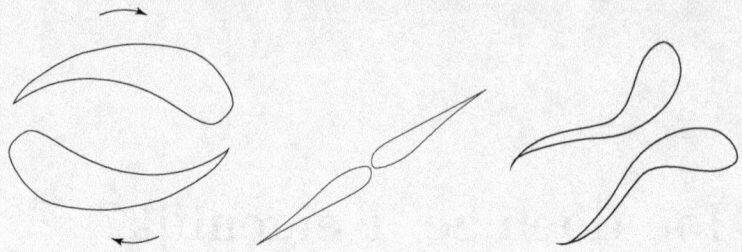

Figuur II.3 – Bovenaanzicht van de duel-figuren. Van links naar rechts: 'caroussel', 'bekvechten' en 'parallel'.

noemen we 'leiden' (zie figuur II.2). In plaats van leiden kan hij ook een gebogen baan beschrijven en om de vrouw heen *cirkelen*, hetzij een beetje lager dan zij, hetzij hoger. Er zijn bovendien allerlei combinaties van leiden en cirkelen mogelijk; alles tezamen noemen we ze *leidbewegingen*. Ook kan de man vanuit zijn aanvankelijke positie proberen lanszij het vrouwtje te komen. Als de vrouw wil, loopt dat uit op *paring*; dat is een korte, wederzijdse klemhouding die culmineert in een schokje. Dat markeert het moment waarop de één een paar eieren, de ander een klein wolkje sperma uitstoot. Op het omslag van deel 1 staat zo'n paring afgebeeld. De baltsprocedure wordt vele malen achtereen herhaald, totdat de vrouw ophoudt willig te zijn.

De bewegingswijze van de man is gedurende de hele balts hetzelfde — gelijkmatig, licht sidderend en vaak naar één kant overhangend — en verschillend van de 'gewone' manier van voortbeweging. De vrouw geeft aan dat zij willig is door ongewone, vaak gekantelde houdingen, sidderende bewegingen, vaak in contact met planten. Zeer waarschijnlijk scheidt zij een stofje af waarvan de mannen erg opgewonden raken.

2. *Vechtgedrag* is op de eerste plaats een bezigheid van mannen onder elkaar, maar de soorten verschillen nogal van elkaar in de mate waarin de vrouwen er ook aan meedoen. Behalve rechtuit aanvallen en vluchten bestaat het vechtgedrag van barbelen vooral uit *dreigen* (lateraal vertoon) en *kantelen*. Deze twee zijn in veel opzichten elkaar's tegengestelde. Bij dreigen zet een barbeel alle

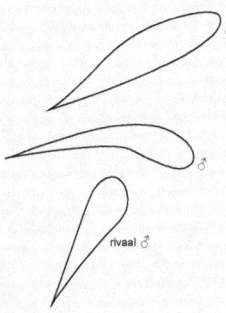

Figuur II.4 – Bovenaanzicht van het zogeheten 'afhouden' (zie tekst).

vinnen strak overeind; ze zwemmen stijfjes door de spanning in de spieren, en keren of rollen de brede zijkant naar de vijand. Bij kantelen worden alle spieren juist slap, de vinnen plat aangelegd en de smalle buikkant danwel rugkant naar de sterkere man gerold. Terwijl dreigen indruk maakt door het grote oppervlak van lijf en vinnen, werkt kantelen verzoenend of ontwapenend op de aanvaller.

Wanneer twee mannen goed tegen elkaar opgewassen zijn, kunnen ze een *duel* aangaan. Daarbij zijn de volgende 'dansfiguren' mogelijk: carousel, bekvechten en parallel (figuur II.3).

Alle gedragingen waarbij de partners dreigen vatten we in dit boek ook wel samen als *agon* (naar het Grieks agôn: wedstrijden). Wederzijds dreigen geeft aan dat de mannen op dat moment tegen elkaar opgewassen zijn.

In combinatie met balts is nog van belang het zogenaamde *afhouden*. Dit betekent dat een man zich zo manoeuvreert dat hij tussen het begeerde vrouwtje en een andere man instaat. Veelal gaat dat met dreigen gepaard (figuur II.4).

Hoofdstuk III

Mannen sloven zich uit

III.1 Grote Groepen; Kleine Groepen

Voor een goede vergelijking moet je alle soorten onder gelijke omstandigheden observeren; dat is duidelijk. Maar waarom zou je van iedere soort ook nog meerdere groepen van verschillende aantallen individuen gebruiken? We formeerden van iedere soort groepen van $2\sigma\sigma 2\varphi\varphi$ (twee mannen twee vrouwen), $3\sigma\sigma 3\varphi\varphi$ en $6\sigma\sigma 6\varphi\varphi$. Hoe groter de groep, hoe groter de afmetingen van de bak die ze kregen[26]. Waarom al die verschillende opstellingen? Welnu, al is geen aquarium groot genoeg om de natuur te evenaren, ontegenzeggelijk geeft een grotere ruimte de vissen meer kans hun natuurlijke gedrag te ontplooien. Dat geldt net zo voor grotere aantallen, want die geven iedere vis meer mogelijkheden tot interactie. Die $2\sigma\sigma 2\varphi\varphi$-groepen deden we dus niet omdat ze zo natuurlijk waren, maar om de kans te hebben hun gedrag heel precies te tellen en te meten met behulp van een toetsenbord met 20 knopjes. Wat er uit die quantitatieve waarnemingen kwam, kan de lezer terugvinden in Appendix B. Híer bespreken we alleen de resultaten.

---

[26] Een lijst van alle gebruikte groepen, hun reële samenstelling en de geboden aquariumgroote staat in Appendix G vanaf p. 159. In het algemeen werden $2\sigma\sigma\varphi\varphi$-groepen geobserveerd in bakken met een grondvlak van 60×35 cm, $3\sigma\sigma 3\varphi\varphi$-groepen in 125×40 cm en $6\sigma\sigma 6\varphi\varphi$ in diverse maten, van 130×65 cm tot 300×100 cm.

De gegevens over de timing van de paaiperioden, die we in hoofd-stuk II bespraken, zijn alle afkomstig uit de grotere opstellingen. De 2♂♂2♀♀-groepen in hun bakken van 60 × 35 cm grondvlak zaten zo dicht op elkaar dat een al te enthousiaste, dominante man wel eens een willigheidsperiode van een vrouw zou kunnen onderdrukken of verkorten. Ook de kans dat de vrouwen negatieve invloed op elkaar zouden uitoefenen leek ons reëel. In de grotere groepen hadden de dieren veel meer vrijheid.

Ook voor een goede beoordeling van territoriaal gedrag waren de grotere groepen noodzaak. Als een actieve dominante man een heel bakje van 60 × 35cm beheerst, dan weet je nog niet of je die ruimte wel als een territorium kunt beschouwen. Een territorium is pas herkenbaar als er een ander náást is. Vooral in de 6♂♂6♀♀-groepen was goed te zien hoe territoriale mannen de ruimte onderling ver-delen. Bij sommige agressieve soorten kan dat zeer ongelijk uitpak-ken. Bijvoorbeeld bij *P. tetrazona* of *P. melanampyx* kunnen 2 of 3 mannen het leeuwendeel van de beschikbare ruimte bezetten. *P. tit-teya*-mannen hebben hun eigen wijze om als het ware sluipenderwijs grond van de tegenstanders te pikken. Ook *P. oligolepis* beheerst deze techniek, maar heeft minder offensieve kracht. Een *P. titteya*-man kan minstens driekwart van een 3×1 meter bak bezetten! Zulke 'grootgrondbezitters' zijn zeer in trek bij willige vrouwen, maar daar-over later.

Ondanks zoveel hebzucht, weten de meeste andere mannen in een groep toch een klein territorium te handhaven, met name in de 3 meter bak. Een enkeling zwerft soms rond zonder binding aan een bepaalde plaats. Als er veel vrouwtjes tegelijk willig zijn, kan zo'n ongevestigde man nog wel eens een behoorlijk baltssucces boeken. Bij een paar soorten — de principiëel non-territoriale niet meegeteld natuurlijk — is vestiging minder gewoon. *P. bimaculatus*-mannen hebben überhaupt niet veel met territoriumvorming[27] en die van *P. vittatus.* zijn er ook niet erg fanatiek in (p. 32). Zelfs de mannen van die soort die in de grote ruimte wel een territorium hebben, gaan vaak aan de wandel, hun gebiedje tijdelijk onbezet achterlatend.

---

[27]Zie deel 1, p. 85 voor meer details over gedrag en omgeving van *P. bima-culatus*

P. arulius is een heel speciaal geval. Om het territoriale gedrag van de mannen tot ontplooiing te laten komen, is waarschijnlijk een nog veel grotere ruimte nodig dan wij konden bieden. Iets van 3 × 3 meter, met op flinke onderlinge afstanden steeds een markante plant die van het wateroppervlak neerhangt, komt waarschijnlijk tegemoet aan hun natuurlijke wensen. Daar ligt nog een mooi stukje onderzoek te wachten voor wie de faciliteiten heeft!

III.2 Gedragstypen

Net als bij de typering van de wateren waarin barbelen voorkomen, kun je bij het *voortplantingsgedrag* van deze dieren eindeloos veel kenmerken onderscheiden. Om te kunnen beoordelen welke daaronder de belangrijke variabelen zijn, vatten we eerst nog even samen hoe het paaigedrag eruit ziet.

Het einddoel is steeds de paring van één man met één vrouw, waarbij enkele eieren en wat sperma uitgestoten worden. Die paring wordt tijdens een paringsperiode vele malen herhaald, en maar zelden twee keer achtereen op hetzelfde plekje. De balts van de man wordt door alle manoeuvres (leiden, cirkelen, paringspoging) heen gekenmerkt door een bepaalde, sidderende voortbeweging. Daardoor kun je de tijd die een man aan balts besteedt heel precies meten. Een man kan een plekje 'aanwijzen', maar uiteindelijk beslist steeds de vrouw of, waar en wanneer gepaard wordt. Mannen proberen zoveel mogelijk paringen te verrichten door zoveel mogelijk tijd aan balts te besteden, hun concurrenten te domineren, ze te weerstaan (meestal door lateraal vertoon = dreigen) of een eigen territorium te stichten en te verdedigen tegen indringers.

Dat suggereert al gauw enkele criteria om gedragstypen op te onderscheiden. (a) al dan niet territoriaal gedrag van mannen, (b) veel of weinig agressie tegen een vrouw tegen wie de man baltst en (c) in het onderlinge vechten van de mannen ligt bij sommige soorten het accent op snelle dominantie (door vooral aanvallen respectievelijk vluchten) bij andere overheerst het dreiggedrag waarmee de mindere de sterkere weerstaat. Uit hoofdstuk II volgt ook nog: (d) al dan geen dagritme in de paaiperiodes, en dan hebben we vier crite-

Tabel III.1 – Het toepassen van vier criteria maakt het mogelijk 7 gedragstypen te onderscheiden.

type	soort
1. *nigrofasciatus*-type:	*P. nigrofasciatus,*
	P. conchonius,
	P. lateristriga,
	P. filamentosus.
2. *tetrazona*-type:	*P. tetrazona,*
	P. stoliczkanus.
3. *reval*-type:	*P. reval.*
4. *titteya*-type:	*P. titteya,*
	P. oligolepis.
5. *vittatus*-type:	*P. vittatus,*
	P. bimaculatus.
6. *melanampyx*-type:	*P. melanampyx,*
	P. ticto.
7. *arulius*-type:	*P. arulius tambraparniei,*
	P. narayani.

ria waarmee we het hele voortplantingsgebeuren van een soort goed kunnen karakteriseren.

Op deze basis kunnen we 7 gedragstypen onderscheiden. In tabel III.1 staan ze, met de soorten die er onder vallen.

De gedragskenmerken van ieder van de typen kunnen we als volgt samenvatten. (Wie de bijbehorende cijfers en de interpretatie daarvan precies wil weten, kan terecht in Appendix A–C).

1. *nigrofasciatus*-type. Duidelijk dagritme van de paaiperiode. Mannen en vrouwen aggregeren en mannen zijn niet territoriaal tijdens het paaien. In het onderlinge verkeer van de mannen speelt wederzijds lateraal dreigen een voorname rol. Dominante mannen kunnen vaak veel tijd aan balts besteden. Mannetjes zijn slechts zelden en dan nog kort agressief tegen een bebaltst vrouwtje.

In de kleine 2♂♂2♀♀-groepen blijft er ruimte voor weerstand en ook flink wat balts door de inferieure man, die in gemengde groepen nooit wegkruipt. Doen ze dat wél, zoals in groepjes van 2 of 3 mannen zonder vrouwen (Kortmulder, 1972) dan zijn ze weerloos tegen aanvallen door de dominant: ze vluchten dan meteen.

De vrouwen zijn relatief onagressief (althans in de aanwezigheid van reproductief actieve mannen; Kortmulder 1972).

2. *tetrazona*-type. Geen dagritme. Geen aggregaties; mannen territoriaal tijdens het paaien (bezettingstype, zie tabel C.2 p. 122). In de 2♂♂2♀♀-groepen dreigen de mannen onderling weinig. (In grotere groepen vaker). Dominante mannen kunnen tamelijk veel baltsen (mede doordat de inferieure wegkruipt voor de agressie van de dominant). De mannen onderbreken de balts vaak voor aanval op het bebaltste vrouwtje.

Schuilende inferieure mannen zijn niet weerloos, zelfs niet in groepjes van alleen 2 of 3 mannen; vanuit hun hoekje weerstaan ze geregeld aanvallen van de dominant frontaal, of komen zelfs tot tegenaanval. Voor balts krijgen ze in de groepen met mannen én vrouwen geen gelegenheid.

De vrouwtjes zijn relatief agressief, ook tegen mannen (Kortmulder, 1972).

3. *reval*-type. Geen dagritme. Mannen (punt)territoriaal (zie tabel C.2 p. 122); kunnen zelfs bij grote dichtheden succesvol paaien. Dreighoudingen spelen in de man-man interacties een geringe rol. (Ook in grotere groepen). Dominante mannen zijn vaak zeer ongeremd agressief — zelfs ten koste van baltskansen. Ook wordt de eenmaal begonnen balts vaak onderbroken door felle agressie tegen het bebaltste vrouwtje.

Inferieure mannen krijgen in de kleine 2♂♂2♀♀-groepen geen enkele kans op weerwerk of balts; ze schuilen meest, en vluchten zonder meer als ze aangevallen worden.

Vrouwen kunnen behoorlijk agressief zijn.

4. *titteya*-type. Geen dagritme. Geen aggregaties. De prominentie van lateraal dreigen en de lengte van ononderbroken baltsen overtreffen zelfs nog die van het *nigrofasciatus*-type. Beide kunnen veel langer dan 15 minuten duren. De sterk ontwikkelde territorialiteit (nog meer 'bezettend' dan bij het *tetrazona*-type; de grenzen worden scherp bewaakt) komt vooral bij grotere groepen tot zijn recht, maar is althans bij *P. oligolepis* ook merkbaar in de 2♂♂2♀♀-

groepen, waar de inferieure man er vaak in slaagt ook een territorium te handhaven.

Bij de 2♂♂2♀♀-groepen van *P. oligolepis* (de minder agressieve van de twee soorten) komt de inferieure man tot vrij veel balts (tabel B.4), en zelfs bij *P. titteya* soms. De aanvalsscores (i.t.t. de dreigscores) van de inferieure mannen zijn laag (tabel B.4–B.5). Bij *P. oligolepis* schuilen zij ook vaak; bij *P. titteya* waarschijnlijk nog vaker. Zover ik me kan herinneren zijn schuilende inferieuren weerloos. Datzelfde spreekt ook uit hun geringe aanvalsscore.

De vrouwen zijn, afgezien van enkele dreigpartijen onderling, relatief onagressief. In tegenstelling tot alle voorgaande soorten zijn de vrouwen zuinig met het afzetten van eieren, *P. oligolepis* door minutenlange paringspauzes te houden terwijl ze uiterlijk volkomen willig lijken en de man doorbaltst; en *P. titteya* door lange intervallen tussen iedere twee opeenvolgende paringen te houden en slechts één tot een gering aantal eieren per paring los te laten.

5. *vittatus*-type. De paaiperioden vallen altijd zeer vroeg in de morgen, soms al voor de dageraad[28]. Terwijl de soorten van het *titteya*-type zich onderscheiden door extreme ontwikkeling van dreigen, baltsduur en territorialiteit, zijn bij het *vittatus*-type veel aspecten van het voortplantingsgedrag juist relatief gereduceerd. Dat gaat het verste bij *P. bimaculatus*, waar de eerste (leid- en cirkel-)fase van de balts practisch ontbreekt, en het hele vechtgedrag en territoriumvorming zeer zwakjes ontwikkeld zijn. *P. vittatus*-mannen kunnen wél in 2♂♂2♀♀-groepen ieder een territorium vormen, maar dat komt dan niet door felle verdediging, maar juist door relatieve onverschilligheid t.o.v. elkaar's doen en laten. Ook de dominant-inferieur relaties zijn weinig geprononceerd.

De vrouwtjes zijn bij deze twee soorten aanzienlijk groter dan de mannen. In ieder geval buiten de paaiperioden zijn ze vaak agressief en dominant over mannen.

6. en 7. De *melanampyx*- en *arulius*-types zijn van elkaar te onderscheiden door de grotere taaiheid van verzet door de inferieure mannetjes (2♂♂2♀♀-groepen) in het eerste type. Bij *P. ticto* (de

---

[28]In het laboratorium konden we *P. bimaculatus* baltsend aantreffen bij het rode gloeilichtje van een electrisch verwarmings-element, 's morgens vóórdat er een lamp aan was.

Tabel III.2 – Schematische samenvatting van tabel C.4. Terr = mannen territoriaal; ritme = dagritme in paaiperiode; a in b = gemak waarmee de baltsende man overgaat in aanval op zelfde vrouw; dr of a = accent van vechten tussen mannen op dreigen of op directe aanval; vorm = vorm van het territorium: bezet = territoriale man verdedigt een heel grondoppervlak tegen indringers; punt = kern van territorium is een punt: buurmannen doordringen elkaar's gemakkelijk (Zie Appendix C).

type	terr	ritme	a in b	dr of a	vorm
nigro	−	+	−	dr	−
tetra	+	−	+	a(dr)	bezet
reval	+	−	+	a	punt
titt	++	−	−	dr!	bezet
vitt	(+)	+	−?	−	?
melan	+	+	+	a	bezet
arul	+	+	+	a(dr)	punt

minst agressieve van type 6) leidt dat zelfs tot vorming van een eigen territorium door de inferieure man, zelfs in die kleine ruimte. Beide typen combineren territorialiteit van de mannen met dagritme in de voortplanting. In die zin zijn ze op te vatten als intermediair tussen het *nigrofasciatus*-type enerzijds en aan de andere kant respectievelijk het *tetrazona*- en het *reval*-type. *P. reval* onderscheidt zich eigenlijk alleen principiëel van *P. narayani* en *P arulius* in het ontbreken van een dagritme in de voortplanting. Omdat we dat verschil voor belangrijk houden blijven we bij 7 typen.

Om te demonstreren hoe ieder type zijn eigen, unieke combinatie van kenmerken heeft herhalen we hier tabel C.3 uit Appendix C in vereenvoudigde vorm (Tabel III.2).

In de kolommen 2 t/m 4 komen alleen *tetrazona*- en *reval*-type respectievelijk de *melanampyx*- en *arulius*-typen met elkaar overeen. Beide paren differentiëren zich verder in de laatste twee kolommen. Van het eerste paar is *P. reval* degene met een punt-territorium en ongeremde aanval vergeleken bij het *tetrazona*-type. Bij de andere twee heeft het *melanampyx*-type een bezet territorium net als *P. te-*

trazona, maar daar is het gecombineerd met de meest ongeremde aanval.

Aangetekend moet worden dat de plussen in de vierde kolom voor de twee onderste soorten met name gelden voor steeds de agressiefste soort. *P. ticto* en *P. narayani* zijn ook tamelijk weinig agresief tegen bebaltste vrouwtjes, maar dat kan eerder komen door hun algemeen lage niveau van agressie.

Ieder type is vernoemd naar (één van) de meest agressieve vertegenwoordiger(s). De verschillen tussen agressievere en minder agressieve soorten binnen een type kunnen heel groot zijn. Anderzijds komen relatief agressieve soorten voor in bijna alle typen: *P. nigrofasciatus, P. lateristriga, P. tetrazona, P. reval, P. titteya, P. melanampyx* en *P. arulius tambraparniei*[29]. Dat betekent dat mate van agressiviteit geen goed kenmerk is om de gedragstypen in te delen[30].

Nog eens zij benadrukt dat onze gedragstypen géén groepen van nauw aan elkaar verwante soorten zijn. *P. filamentosus, P. lateristriga* en *P. nigrofasciatus* behoren tot drie verschillende lijnen van verwantschap. *P. ticto* is meer verwant aan *P. nigrofasciatus* dan aan *P. melanampyx*. *P. arulius* is naaste familie van *P. filamentosus*. Enzovoort. Vergelijk het schema maar met dat van de verwantschappen (grijze pagina's, *pp.* 19–21). Dit leidt tot een belangrijke gevolgtrekking over de evolutie van het gedrag van deze barbelen. Verwantschap immers wijst aan hoe de evolutie van de soorten verlopen is; welke zijn al vroeg van elkaar gesplitst, en welke pas kortgeleden. Blijkbaar zijn gelijke gedragstypen, onafhankelijk van elkaar, ontstaan in verschillende evolutielijnen. In hoofdstuk IV zullen we zien wat de oorzaken van de vorming van een gedragstype geweest kunnen zijn.

Beste Lezer, 7 typen om 15 soorten in te delen: vind je dat bevredigend? Wel, wat hadden we anders kunnen vinden? Bijvoorbeeld

---

[29]Zoals een van ons al in zijn proefschrift (Kortmulder, 1972) liet zien, zijn agressieniveau's tussen soorten van verschillende typen niet echt quantitatief te vergelijken. Wat we hier gebruiken is dus een globale indruk.

[30]Daar merkt een lezeres op dat dat voor de hand lag. Zij heeft deel 1 gelezen en herinnert zich dat de mate van agressiviteit samenhangt met het gedrag van een soort in reactie op roofvissen. Daardoor is het, volgens deel 1, gevormd en niet door de omstandigheden van het paaigedrag. Ons verhaal is gelukkig intern consistent.

15 soorten die stuk voor stuk dermate uniek zijn dat er 15 typen nodig zijn om ze te beschrijven. Of een geleidelijk verlopende reeks van soorten tussen één extreem en een ander, zonder dat er discrete typen bij zijn. In beide gevallen zou het zoeken naar een typologie zinloos zijn. Misschien lijkt 7 typen wat veel voor 15 soorten. Waren het er echter minder, bijvoorbeeld 2, dan mochten we ons afvragen waarom er dan zoveel soorten - meer dan 100 - ontstaan zijn.

Een interessante indicatie is te vinden in de geschiedenis van dit onderzoek. In zijn proefschrift van 1972 had één van ons (KK) 5 gedragstypen nodig om 7 soorten in te delen. Nu hebben we er 7 voor 15 soorten, en straks zal blijken (paragraaf III.4 op p. 38 *ff.*) dat er slechts één type bij moet om in totaal 21 soorten te vangen. Kortom, het lijkt erop dat we de grens van het aantal mogelijke typen naderen.

III.3   En de kleuren van de gedragstypen?

In hoofdstuk III.2 hebben we de typische gedragsspecialiteiten van ieder type al gegeven. We zouden haast vergeten dat de visjes ook nog kleur, vorm en tekening hebben! Kom, we maken een korte zwerftocht door alle typen heen. Je kunt de foto's van deel 1 en van internet als steuntje gebruiken.

Zij die veel tijd aan dreigen besteden — dat zijn de *nigrofasciatus-* en *titteya*-typen — hebben veelal opvallend gekleurde vinnen die het laterale vertoon indrukwekkender maken. Het accent ligt meestal op de rugvin; dat is ook de eerste die omhoog gaat als dreigen begint. Bij *P. titteya* is het andersom; daar blijft de, weinig fel gekleurde, rugvin tamelijk slap en staan vooral de anaal-, buik- en borstvinnen wijd uit. Die zijn wél fel rood[31]. Ook wat het aanspan-

---

[31]Met de naam *P. titteya* hebben we het hier steeds over de zogenaamde 'rode' variant. Er bestaat ook een 'groene' en naar verluidt ook een 'bruine'. De rode is zonder twijfel degene die door Deraniyagala in 1929 beschreven werd. De 'bruine' hebben we nooit gezien, maar een groep 'groene' heeft lang bij ons in het aquarium vertoefd. Het groen van de laatste is overigens beperkt tot een licht iriserende glans in de lichte zone boven de donkere zijstreep. Verder zijn de mannen voornamelijk donker wijnrood. De lengtestreping is prominenter dan bij de rode, en geaccentueerd door wat bijna een tweede streep is. Het zal ons niet verbazen als de laatste binnenkort door een ijverige systematicus tot aparte soort

nen van de lichaamsmusculatuur betreft ligt bij *P. titteya* de nadruk op de buikkant. Daardoor krijgt het silhouet van dreigende mannen bij hen een bollere rug. Bij andere soorten wordt de rug juist iets gestrekt[32].

Als tegenstelling zijn er de soorten die vooral aanvallen en nauwelijks dreigen: de *reval*- en *melanampyx*-typen. Bij de 3 soorten die we daartoe gerekend hebben zijn de vinnen nauwelijks opvallend gekleurd. De rugvin van *P. reval* kan nog wel flink rood zijn, maar de opvallende tekening van zwarte vlekjes en randje die kenmerkend zijn voor zijn naaste verwant *P. cumingii* (geelvin) ontbreekt vrijwel[33]. *P. cumingii* (geelvin) zal straks blijken te behoren bij het *arulius*-type. De soorten van dat gedragstype hebben ook gekleurde vinnen naar gelang hun gedrag meer naar dat van het *nigrofasciatus*-type neigt. Ook hierbij geldt natuurlijk weer: hoe kleiner de vis(soort) hoe sterker de kleuren[34].

Bij de territoriale typen hebben de mannen veeleer kleuren die hen van een afstand opvallend en herkenbaar maken[35]. Bij *P. tetrazona* spelen de contrastrijke dwarsstrepen, en bij deze en *P. stoliczkanus* de rood-zwarte rugvin een rol. Territoriale *P. ticto*-mannen krijgen een onregelmatige zwart-met-roodachtige vlek midden op de zijkant. Voor *P. melanampyx*-mannetjes wordt een dergelijke 'vlag' al voor-

---

gebombardeerd wordt. We zouden geneigd zijn dit te onderschrijven, vooral omdat die groenen zich ook anders gedragen en veel moeilijker in gevangenschap tot voortplanting te bewegen waren dan de welbekende rode.

[32]In ontspannen toestand maakt de ruggegraat een bocht met de bolle kant naar boven. Strekken van de rug betekent dus een iets kleinere bolling.

[33]Een rijtje heel kleine zwarte puntjes loopt door de rugvin van *P. reval*, alleen bij goede belichting behoorlijk te zien. Bij kruisingen tussen deze soort en *P. nigrofasciatus* komt een patroon tevoorschijn van twee donkere banden: één op ongeveer de plaats waar bij *P. reval* die puntjes zitten, en één langs de rand. Bij *P. nigrofasciatus* is de rugvin van de man egaal zwart. Het patroon komt dus van de reval-ouder, maar is versterkt door de melanine-ontwikkeling (zwart pigment) van de andere. Het gaat hier waarschijnlijk om een oeroud patroon dat opduikt in alle hybriden binnen deze groep van aan elkaar verwante barbelen (de zogenaamde *conchonius*-groep, door Pethiyagoda *et al.* (2012) geplaatst in nieuw geslacht *Pethia*).

[34]Zie deel 1, p. 30.

[35]We vermeldden al in hoofdstuk I.2 (p. 12) dat de aquariumzaal de gelegenheid bood om ook van grote afstand naar de vissen te kijken. Als hier gesproken wordt van effecten van kleuren en vormen op grote afstand, dan berust dat stevig op waarneming.

bereid als ze geslachtsrijp worden. Dan schuiven twee dwarsbanden naar elkaar toe tot ze elkaar bijna raken en samen een gestructureerd vierkant vormen. Mannen met territorium van *P. oligolepis* zijn van verre opvallend onder andere door de grote, oranje vinnen die met een dun zwart randje afgezet zijn. Hoe *P. titteya* met kleur een territorium markeert is niet direct duidelijk. Zij zijn bijna egaal fel rood doordat de donkere lengtestreep vrijwel verdwijnt. Misschien dat de uitstaande vinnen aan de onderzijde samen met de ruimten ertussen een rastereffect creëren. Ook hier zijn juist die vinnen met een zwart randje afgezet. Het is echter ook mogelijk dat van verre opvallende 'vlaggen' bij hen niet zozeer van belang zijn omdat het meeste treffen zich afspeelt aan de territoriumgrenzen, dus op korte afstand van de buurman én omdat de 'grootgrondbezitters' zich eerder in hun gebied plegen te verschuilen. Vrouwen zijn overigens best nieuwsgierig naar de onderlinge dreigpartijen van baltslustige mannen. Bij *P. titteya* komen ze soms van dichtbij kijken, en een vrouwtje dat zich daarmee inlaat wil kort daarna wel eens willig worden. Zulke gebeurtenissen zijn echter te zeldzaam om statistisch méé te tellen.

Bij intensieve balts wordt alles anders. Het is dan voor een man — territoriaal of niet — ineens niet meer van belang om zich te adverteren. Beter kan hij zelfs zo onopvallend mogelijk te werk gaan. Bijvoorbeeld zo'n *P. titteya* 'grootgrondbezitter' verliest, als hij zich met een willig vrouwtje in de diepten van zijn territoor terugtrekt, ook zijn rode kleur en sluipt samen met haar tussen de planten door. Enkele soorten, zoals *P. narayani* en *P. arulius* ontwikkelen tijdens de balts eerder een vage lengteband, terwijl de normaal markante vlekken verbleken. Een baltsende barbelenman verplaatst zich geleidelijk in de richting van zijn lengteas, waardoor hij met een lengtestreep eerder minder dan meer opvalt.

Je ziet, lezer, dat alleen al de kleurwisselingen van deze mooie vissen een studie apart waard zijn. Je kunt ook zelf zien dat de toestanden van de kleurpatronen vrijwel steeds functioneel zijn bij het vertoonde gedrag.

III.4 Nog meer soorten

Nu nog een verrassing. Een zestal soorten die niet in dit uitgebreide programma gezeten hebben, maar die ik door eigen waarneming goed genoeg ken om ze met enig vertrouwen een plaats te geven in de typen-indeling. Over *Puntius bandula* hebben Johan Mols en Arjan Bijleveldt bovendien een klein onderzoek[36] gedaan, evenals Minttu Hannonen over *P. phutunio*[37]. De andere vier zijn *P. padamya*[38] (vroeger bekend onder de naam Odessa-barbeel), *P. cumingii*[39] (weleer de geelvin-vorm van dezelfde naam), *P. gelius*[40] en *P. dorsalis*[41]. De tabel van typen en soorten gaat er dan uitzien zoals afgebeeld in tabel III.3.

Kijk, dat begint er uit te zien als een echte indeling, met quasi-willekeurige verdeling van de aantallen over de types.

Misschien vraag je je af, beste lezer, waarom we voor één soort, *P. phutunio*, een heel nieuw gedragstype gecreëerd hebben. De reden daarvan is dat bij deze soort de evolutie een compleet nieuwe stap gedaan heeft — nieuw voor het geslacht *Puntius* dan. *P. phutunio*-mannen kiezen in hun territorium een bosje groene bladeren of draadalg, meest hoog in de waterkolom, en doen daarmee zoals sommige nestbouwende vissen (bijvoorbeeld stekelbaarzen) met hun zelfgebouwde nest doen. Het bosje is dé focus van het territorium; het mannetje bewaakt het de hele dag door. Iedere indringer wordt in eerste instantie aangevallen. Willige vrouwtjes zeilen op een bepaalde manier, de kop iets omhoog gericht, binnen. De man keert zich in zijn aanval dan bliksemsnel om en komt mét de vrouw mee naar het 'nest'. Na één of enkele flitsende paringen jaagt hij haar weer weg. De paringen worden zo gesitueerd dat de bevruchte eieren in het nest terechtkomen. Daar blijven ze gemakkelijk hangen.

Niet-willige vrouwen maken vaak misbruik van de procedure door zich voor te doen als willig en dan, bij het nest aangekomen, gauw

---

[36]Gedragsonderzoek *Barbus bandula*, 1997.

[37]Zie ook Kortmulder (1972), *pp.* 164–166.

[38]Kullander & Britz (2008).

[39]Meegaskumbura *et al.* (2008).

[40]Zie Kortmulder (1972), *pp.* 167–169.

[41]Kortmulder (2005).

Tabel III.3 – Zes andere soorten ingevoegd in Tabel III.1.

type		soort
1.	*nigrofasciatus*-type:	*P. nigrofasciatus,*
		P. conchonius,
		P. lateristriga,
		P. filamentosus.
2.	*tetrazona*-type:	*P. tetrazona,*
		P. stoliczkanus.
3.	*reval*-type:	*P. reval.*
4.	*titteya*-type:	*P. titteya,*
		P. oligolepis.
5.	*vittatus*-type:	*P. vittatus,*
		P. bimaculatus,
		P. gelius,
		P. dorsalis.
6.	*melanampyx*-type:	*P. melanampyx,*
		P. ticto.
7.	*arulius*-type:	*P. arulius,*
		P. narayani,
		P. padamya,
		P. bandula,
		P. cumingii.
8.	*phutunio*-type	*P. phutunio*

een ei te roven. Waarschijnlijk hebben de vrouwen wél een dagritme in hun willigheid; ze komen vooral 's morgens.

Als er geen vrouwen of andere indringers komen, besteedt de man de meeste tijd aan manoeuvreren om het nest, zijn snuit erin poken, en dergelijke. Allerlei handelingen die vást bijdragen aan ventilatie van het nest, zonder dat je ze ondubbelzinnig kunt identificeren als broedzorggedrag.

Door deze eerste stappen naar nestelen en broedbewaking verandert niet alleen het *gedrag* van zowel vrouw als man, maar ook het patroon van functies zoals we dat eerder uitbeeldden in een 'functionele kaart'[42]. Zo zijn territoriale *P. phutunio*-mannen, on-danks hun opgevoerde territorialiteit, niet contrastrijk gekleurd, in tegenstelling tot andere territorialen zoals *P. ticto*, *P. melanampyx* of *P. tetrazona*, die van verre zichtbaar zijn. Integendeel; wát ze aan zwarte contrasterende vlekken op het lichaam dragen wordt bij territoriumhoudende *P. phutunio*-mannen verdoezeld door een vlek-kerige donkerkleuring over het hele lichaam, waardoor ze van enige afstand juist helemaal niet opvallen. Dat lijkt geen slechte maatre-gel voor zo'n mini-visje — *P. phutunio*-mannen zijn nóg kleiner dan de vrouwen — dat een kostbaar en tegelijk smakelijk en voedzaam voorraadje eieren te bewaken heeft. Zelfs een man-stekelbaars in broedzorg verliest zijn opvallende reclamekleuren, ook al is hij lang niet zo weerloos als een mannetjes-*phutunio*.

Het is natuurlijk niet uitgesloten dat nog meer *Puntius*-soorten deze overstap gemaakt hebben, zelfs binnen de aan *P. conchonius* verwante lijn[43] waartoe *P. phutunio* behoort; maar tot zover is hij de enige van wie het bekend is.

Om nu de zaak nog wat ingewikkelder te maken: ik ben er niet zeker van dat alle *P. phutunio* dit begin van broedzorg vertonen. Ik heb tenminste óók een groep in huis gehad waarvan de mannen weliswaar fanatiek territoriaal waren, maar niet op het boven be-schreven nestelgedrag betrapt konden worden. Misschien is de soort nog maar onderweg, en zien we echt evolutie in actie! Of wellicht zijn de milieu-omstandigheden van sommige populaties net wél zo dat nestgedrag van voordeel is, en van andere net níet. Een klein ver-schil in waterhelderheid of aan- danwel afwezigheid van een bepaalde predator kan net het verschil maken. Hoe dan ook, de aardige kant van deze stand van zaken is dat je aan de laatstbesproken groep nog kunt zien vanuit welk gedragstype de stap naar nestelen genomen is. Had ik alleen die 'nestloze' *P. phutunio*'s gekend, dan had ik de soort ingedeeld in het *melanampyx*-type. De heftige territoriumver-dediging, vooral door aanvallen, vluchten en heen en weer pendelen over de grens, zonder noemenswaardig dreigen, doet sterk denken

---

[42]Zie deel 1 *pp.* 33–37 en 135–137, en hoofdstuk VI van dít boek.
[43]De zgn. *conchonius-* of *nigrofasciatus*-groep van verwante soorten (Kort-mulder, 1972; Taki *et al.*, 1978; Kullander & Fang, 2005); volgens Pethiyagoda *et al.* (2012) dus het nieuwe geslacht *Pethia*.

aan het gedrag van *P. ticto*-mannen. Net als die laatste kunnen *P. phutunio*-mannen heel veel kleine territoria in een kleine ruimte realiseren.

21 soorten in 8 gedragstypes; beter kunnen we het op het ogenblik niet maken. Het wordt misschien tijd deze types eens naast die van de verschillende wateren te leggen en te zien of we een correspondentie kunnen ontdekken.

Hoofdstuk IV

Hoe passen habitat- en gedragstypen bij elkaar?

Waarom zou je er als barbeel een vast dagritme voor het paaien op na houden? Dat is op de eerste plaats zinvol als je een eindje moet zwemmen om op je favoriete paaigrond te komen. In termen van Hoofdstuk I.1 betekent dat dat geschikte paaiplekken relatief schaars zijn (parameter 2) en tegelijk dat ze dagelijks toegankelijk zijn, want anders zwem je meestal voor niets (parameter 1: constant)[44]. Als gevolg van de schaarsheid kan de dichtheid aan individuen op de paaiplaats aardig oplopen. In zo'n relatief rustige omgeving zullen

---

[44]Er zijn mogelijk uitzonderingen op deze redenering voor soorten met een extreem vroeg dagritme: bij het eerste licht of zelfs in de nanacht. In deel 1 (p. 85 en hoofdstuk II.2 van dít deel) bespraken we het bijzondere geval van *P. bimaculatus*, die bij zware regenval al voor het krieken van de dag al paaiend stroomop zwemt zonder dat dat tot aggregaties leidt. Over *P. vittatus* schreef ik dat de enige reden voor zijn (vroege) dagritme die ik kon verzinnen was dat het water dan nog het meest helder is. Een derde dagelijkse vroege is *P. ticto*, die in het Noorden van Sri Lanka leeft. Het oppervlaktewater van dat erg droge gebied wordt gedomineerd door talloze door de mens gemaakte vijvers (ter plaatse *wewa* of *tank* genoemd) en door middelmatige en kleine stromen. Terwijl de *tanks* veelal dichtgegroeid zijn met waterplanten, bevatten de stroompjes vrij water met langs de randen een gevariëerde strook planten en kleine struikjes die met de voeten in het water staan. Waarnemingen in het wild zijn me niet gelukt, maar die strookjes langs de riviertjes zijn suggestief voor een soort waarvan de paaiende mannen in staat zijn heel veel kleine, aan elkaar grenzende territoria in een beperkte ruimte met vegetatie te vestigen, terwijl de afstanden tussen eet- en paaigronden bij zo'n lintbeplanting nooit groot zijn, zodat er nauwelijks tijd nodig is voor de paaimigratie.

Tabel IV.1 – Een eerste poging habitattype te koppelen aan gedragstype. (1) *P. conchonius, nigrofasciatus, filamentosus, lateristriga;*
(6) *P. melanampyx, ticto;* (7) *P. arulius tambraparniei, padamya,
narayani, bandula, cumingii.*

habitattype		gedragstype	
	geheel	*nigrofasciatus*-type	(1)
klein			
	verdeeld	*melanampyx*- en	(6)
constant		*arulius*-type	(7)

dus de *nigrofasciatus- arulius-* en *melanampyx*-typen thuis zijn. De
verschíllen tussen de habitats van deze drie typen zullen moeten liggen in de *ruimtelijke structuur* van de modale paaigrond (parameter
3). Is die plek, door wat voor structuren ook, verdeeld in kleine stukjes die behapbaar zijn voor steeds één territoriale man, dan zullen
de mannen van die soort ook neiging hebben territoria te vestigen.
Hier passen dus soorten van het *melanampyx-* en *arulius*-type. Het
nigrofasciatus-gedragstype, waarbij de mannen de territorialiteit af-
geschaft hebben omdat hun paaiplaatsen te vol met rivalen en te
homogeen zijn om verdediging van individuele plekjes rendabel te
maken, past dus in de categorie schaarse, maar ieder apart vrij grote,
onverdeelde paaiplekken (Tabel IV.1).

Het verschil in habitat tussen gedragstypen (6) en (7) is in dit
schema niet aan te geven. Wellicht zou het te maken kunnen hebben
met *hoe* de paaiplaatsen gestructureerd zijn. We hebben echter veel
te weinig soorten waarvan de echte paaiplaatsen bekend zijn om
daar antwoord op te kunnen geven. Misschien is het van belang
dat het *melanampyx*-type meer lijkt op het *tetrazona*-type, terwijl
het *arulius*-type meer weg heeft van het *reval*-type. We komen daar
straks op terug (p. 47–49).

We hadden nóg een categorie van constante habitats, namelijk
daar waar geen differentiatie bestaat tussen paaiplaatsen en het hele
leefgebied; dat is de categorie 'coëxtensief'. Deze soorten hoeven dus
niet te migreren: het is overal even goed — of even slecht. Dus is

dagritme bij hen overbodig[45]. De variant 'verdeeld' roept onmiddellijk het beeld op van de heuvelmoerasjes in Sri Lanka waar *P. titteya* woont. De mini-beekjes die er lopen bestaan uit centimetersbrede of oppervlakkige miezertjes tussen poeltjes die meest niet groter zijn dan onze 300 × 100 cm bak. Zo'n 'natuurlijk aquarium' kan, volgens onze laboratorium-ervaringen, door één territoriaal mannetje beheerst worden of, als ze willen delen[46], gedeeld worden door twee of wellicht enkele mannen. Om deze redenen is het dus logisch om het *titteya*-type hier in het schema onder te brengen.

Lastiger is het *vittatus*-type. Dit lijkt vooral te passen bij het watertype constant-coëxtensief-geheel. De soorten van het type verschillen echter onderling nogal. De ubiquiste verspreiding van *P. vittatus*: overal waar het water ondiep is, komt goed met het voorgestelde watertype overeen[47]. Of de habitat echter constant in de tijd genoemd mag worden vraagt enige discussie. Zeker in het laagland met zijn seizoens-gerelateerde overstromingen kan zijn moerassige habitat bijwijlen aanzienlijk toenemen. Het is wél de vraag of een weinig beweeglijke vis[48] als *P. vittatus* ver van zijn stek komt om die 'floods' als paaiplaats te benutten. Bovendien heeft er bij deze soort, zowel in het laagland als in de heuvels, in elke maand wel enige

---

[45]Ze zouden elkáár kunnen opzoeken, maar een attractie tussen paailustige individuen kan tóch wel optreden zodra er één begint. Tenminste als de habitat één groot, homogeen oppervlak beslaat. Is die helemáál verbrokkeld (zoals bij *P. titteya*), dan blijven ze gescheiden opereren en heeft dagritme evenmin zin.

[46]Een *P. titteya*-man kan driekwart van een 300 × 100 cm bak als territorium beheersen (zie Appendix B). Een hele 125 × 40 cm bak is dus voor hen een peuleschil. Toch delen ze ook vaak de beschikbare ruimte min of meer gelijk op. Een man die in de situatie zonder willige vrouwtjes soms de hele 125 cm domineert, kan zich bij het willig worden van een vrouw terugtrekken op de helft die hij oorspronkelijk bezette en de andere helft weer aan de tweede man laten. (Appendix B).

Dergelijke 'toegeeflijkheid' van territorium-bazen komt bij veel soorten *Puntius* voor. Bijvoorbeeld verslaat een man A zijn buurman B in diens territorium en dwingt hem tot overgave. Daarna trekt de winnaar zich vaak al gauw weer terug achter zijn oude grens en laat toe dat de tweede zich herstelt. Wat de functie van zulke 'grootmoedigheid' is, laat zich voorlopig slechts gissen. Misschien is onderling gedreig van meerdere mannen aantrekkelijk voor vrouwen die op het punt staan willig te worden. We hadden het in dit verband al over 'nieuwsgierige' *P. titteya*-vrouwen (p. 37). Onderling dreigen komt nu eenmaal meer voor bij gelijkwaardige buurmannen dan tussen een dominant en een inferieur.

[47]Zie deel 1, *pp.* 99–100.

[48]Staander-type; deel 1, *pp.* 17–18.

voortplanting plaats, ongeacht het droge of het natte seizoen[49] De Silva *et al.* (1985) vermelden als bijzonderheid dat jongen van deze soort het hele jaar door gevonden worden en — belangrijk voor onze interpretatie van coëxtensiviteit — dat die jongen zich altijd mengen onder de adulten. Dat wijst op voortplanting in het gewone leefgebied.

Echter, het valt ook niet te miskennen dat *P. vittatus* bovenop de jaarrond voortplanting een piek vertoont in de regentijd. Zeker in de heuvels, en mogelijk ook in het laagland, (zie De Silva *et al.* 1985). En dat terwijl er in de heuvels niet of nauwelijks sprake kan zijn van gebiedsuitbreiding bij zware regenval. De verschillende gegevens kunnen misschien tot overeenstemming gebracht worden door de overweging dat overvloedige regenval ook nieuw voedsel in het water brengt, in de heuvels zowel als in de vlakte, en dáárdoor tot pieken in de voortplantingsactiviteit kan leiden. Deze hypothese wordt gesteund door een merkwaardig verschil tussen de laagland- en de heuvelpopulaties van *P. vittatus*: de maximale (individuele) GSI[50] van de eersten is ruim $2\times$ zo hoog als bij de laatsten. Eenzelfde verschil is zichtbaar tussen de *maandelijkse gemiddelden* van de GSI in de loop van het jaar[51]. De grotere voedselrijkdom in het laagland laat blijkbaar een grotere investering in voortplanting toe; overigens zonder dat het jaarritme (alle maanden, met een piek in de regentijd) daardoor verandert.

P. dorsalis is makkelijker in te passen. Zijn status als één die het hele jaar door paait is in alle opzichten duidelijk. Zijn habitat bestaat uit diepe kuilen in het bed van zandige, heldere stromen. Ook daar vindt men alle leeftijden gemengd in groepen met volwassen mannen en vrouwen[52].

---

[49]Zie deel 1, *pp.* 92 en 109, en De Silva *et al.* (1985).

[50]Gonado-Somatische Index = het ovariumgewicht als percentage van lichaamsgewicht (zonder ingewanden en ovarium) alles in gedroogde toestand. Hoe hoger het getal, hoe meer energie de vis geïnvesteerd heeft in komende voortplanting.

[51]Zie deel 1, tabellen op *pp.* 147 en 150, en De Silva *et al.* (1985).

[52]Kortmulder (2005) Bin Gettiyâ, ofwel *Barbus dorsalis* (Jerdon, 1849), de Langsnuitbarbeel. *Het Aquarium* 76(1): 30-33.

Van de natuurlijke omgeving van *P. gelius* weten wij niets. Het heeft dus weinig zin om over het 'passen' van deze soort te speculeren.

De lastigste van het type is *P. bimaculatus*, bewoner van stenige beken in de heuvels. Zijn vermoedelijke voortplantingswijze: al baltsend stroomop zwemmen tijdens hevige regenval, daarbij eieren afleggend op kleine begroeide plekjes en in de heuvelmoerasjes[53]. Dat is al heel moeilijk in te passen in de categorie constant-coëxtensief-geheel. Toch lijkt onze indeling van deze soort bij het *vittatus*-gedragstype gerechtvaardigd op grond van de rudimentering van het vechtgedrag. We moeten hier accepteren dat gedrags- en watertypen niet altijd eenduidig bij elkaar aansluiten: eenzelfde gedragstype kan in verschillende milieu's passen, vooral als het, zoals in dit geval, in feite om een reductie gaat[54]. Het schema ziet er nu zó uit, als in tabel IV.2.

Dan blijven nog de soorten van de *tetrazona*- en *reval*-typen, en *P. phutunio*. De laatste delen we in vlak naast de groep waar hij in hoofdstuk III.4 het meeste op leek en waarin een deel van de populatie nog thuis leek te horen: het *melanampyx*-type.

De *reval*- en *tetrazona*-typen zijn beide voor hun voortplanting aan natte seizoenen gebonden[55]. Ze verschillen onderling vooral in de vorm van hun territoria: zeer tolerant bij de eersten, bezettend bij de anderen. Dat suggereert voor het *tetrazona*-type een veel groter potentiëel paaigebied dan voor het *reval*-type. Het laatstgenoemde moet zich heel goed kunnen vinden in kleine overstromingen, door-

[53]Deel 1, p. 85.

[54]Naast reducties in balts- en vechtgedrag hebben *P. bimaculatus* en *P. vittatus* enkele specifieke positieve aanpassingen aan hun respectieve milieu's. Bij de eerste zijn dat bijvoorbeeld de sterke motorische activiteit van de vrouwtjes tijdens het paaien, en de uitzonderlijk sterk ontwikkelde zwemactiviteit van pas uitgekomen larven. De balts van *P. vittatus*-mannen lijkt aangepast aan situaties met slecht zicht. Enkele tactiele signalen hebben de rol van de visuele overgenomen: mannetjes strijken herhaaldelijk van achter naar voren met de snuit langs de buikzijde van het vrouwtje; of ze staan op enige afstand, met de zijkant naar het vrouwtje gekeerd intensief met alle vinnen te klapperen, een gedrag dat zichtbaar turbulentie oproept. De paring zelf is een ingewikkelde manoeuvre begeleid door zeer sterke vibratie van het lichaam.

[55]Voor *P. tetrazona* en *P. reval* hebben we waarnemingen in de natuur, respectievelijk quantitatieve gegevens (De Silva *et al.*, 1985). Van *P. stoliczkanus* zijn alleen aquariumgegevens bekend (Kortmulder, 1972).

Tabel IV.2 – Een tweede poging habitattype te koppelen aan ge-dragstype. (1) *P. conchonius, nigrofasciatus, filamentosus, lateristriga*; (6) *P. melanampyx, ticto*; (7) *P. arulius tambraparniei, padamya, narayani, bandula, cumingii*; (5) *P. vittatus, bimaculatus, gelius, dorsalis*; (4) *P. titteya, oligolepis*; (8) *phutunio*.

habitattype			gedragstype	
	klein	geheel	*nigrofasciatus*-type	(1)
		verdeeld	*melanampyx*- en	(6)
			arulius-type	(7)
			phutunio-type	(8)
constant		geheel	*vittatus*-type	(5)
	coëxt.	verdeeld	*titteya*-type	(4)

dat hun paringsbereidheid niet erg lijdt onder dichte opeenhoping van individuen. Barbelen van het *tetrazona*-type, daarentegen, zijn blijkbaar toegerust voor uitgestrekte paaigronden, zoals we die ook gevonden hebben in de geïnundeerde biezenvelden van Tasek Bera[56]. Ze zijn echter óók flexibel genoeg om, binnen die enorme ruimte, met een paar mannen bij elkaar in dezelfde *Pandanus*-stoel te huizen[57]. Dat correspondeert met hun territoria van het bezettings-type met matig scherpe handhaving van de grenzen. Het schema wordt nu zoals afgebeeld in tabel IV.3.

De verschillen tussen het *arulius*- en het *melanampyx*-type blijven intrigeren. We vermeldden hierboven al dat het *arulius*-type veel gemeen heeft met *P. reval* (tolerante puntterritoria) en het *melanampyx*-type met *P. tetrazona* (intolerant bezettingstype). In beide gevallen zit het verschil *qua* milieu vooral in "constant milieu" tegen-over "seizoens"-voortplanting. De overeenkomsten zijn merkwaar-dig, omdat het verschil tussen *P. tetrazona* en *P. reval* correspon-

---

[56]West Malaysia; zie deel 1, hoofdstuk VI.
[57]Zie deel 1, hoofdstuk VI.

Tabel IV.3 – Een meer uitgebreide poging habitattype te koppelen aan gedragstype. (1) *P. conchonius, nigrofasciatus, filamentosus, lateristriga*; (6) *P. melanampyx, ticto*; (7) *P. arulius tambraparniei, padamya, narayani, bandula, cumingii*; (5) *P. vittatus, bimaculatus, gelius, dorsalis*; (4) *P. titteya, oligolepis*; (3) *P. reval*; (2) *P. tetrazona, stoliczkanus*; (8) *P. phutunio*.

habitattype			gedragstype	
	klein	geheel	*nigrofasciatus*-type	(1)
		verdeeld	*melanampyx*- en	(6)
			arulius-type	(7)
			phutunio-type	(8)
constant				
	coëxt.	geheel	*vittatus*-type	(5)
		verdeeld	*titteya*-type	(4)
	klein	geheel		
		verdeeld	*reval*-type	(3)
'seizoen'				
	groot	geheel	*tetrazona*-type	(2)
		verdeeld		

deert met groot versus klein paaigebied, terwijl de *melanampyx*- en *arulius*-types allebei in "klein" zijn ondergebracht. Daarom vermoeden we ook hier een zekere losheid tussen gedrags- en water-typen. Nu niet in verband met een gedragsreductie, maar in de gedragsstructuur. Kan eenzelfde milieutype op verschillende manieren tegemoetgetreden worden? We komen hier in hoofdstuk V, p. 58 op terug[58].

---

[58]Er is ook nog de mogelijkheid van een verband met verschillende predatorreacties. Hiervoor hebben we echter te weinig gegevens.

Hoe flinterdun de grens tussen sómmige gedragstypen is moge nog eens blijken uit de vergelijking van *P. reval* met *P. cumingii* (*arulius*-type). De Silva *et al.* (1985) vonden geen verschillen in seizoen-gerelateerde voortplanting tussen *P. cumingii* in Kalu Ganga (nu dus *P. reval*[59]) en *P. cumingii* in Gin Ganga. Zoals we al eerder beschreven (hoofdstuk III.4) vallen ze op grond van onze aquariumwaarnemingen wél in verschillende gedragstypen[60].

Dat zijn details; de conclusie van deze vergelijking van habitat- en gedragstypen mag zijn dat er een goede concordantie bestaat tussen beide. Op basis daarvan kunnen we aannemen dat iedere soort geëvolueerd is in wisselwerking met zijn specifieke habitat.

Enige verbazing is op zijn plaats over het feit dat zovele soorten aangepast zijn aan een langdurig of zelfs jaarrond constant watermilieu. Dat lijkt misschien in tegenspraak met de algemene notie dat tropische vissoorten zich meest voortplanten in de regentijd. Het antwoord is dat we hier te maken hebben met een apart assortiment van soorten, namelijk zij die door hun relatief kleine formaat en kleurige uiterlijk opvallen en daardoor in de aquariumhandel terechtkwamen. Het zijn ook vooral aan de heuvellanden geliëerde soorten. In deel 1 hebben we al kennis gemaakt met enige laaglandsoorten die meer tot seizoensvoortplanting neigen. Dergelijke laaglandbewoners maken ook een groot deel uit van alle soorten van het geslacht *Puntius*. Zij vallen gauwer op door hun grotere aantallen en dichtheid en min of meer massale voortplantingsactiviteiten. Bij de kleinere

---

[59]Meegaskumbura *et al.* (2008).

[60]De laboratoriumgegevens die we onder de naam *P. cumingii* verzamelden en publiceerden, gaan sinds Kortmulder (1972) tot nu toe steeds over de roodvinnige vorm *P. reval*. Sindsdien hebben we enkele waarnemingen verricht ook aan de geelvinnige *P. cumingii*. Behalve de vinkleur en de eerder genoemde zwarte patroontekening in de rugvin, wijkt deze op enkele punten wat af van *P. reval*. Zo is, zonder dat we over quantitatieve metingen beschikken, duidelijk dat *P. cumingii* meer tijd aan dreigen besteedt dan *P. reval* (hetgeen spoort met de meer geprononceerde vintekening). Bovendien is waarschijnlijk dat *P. cumingii* enige mate van dagritme in zijn paaigedrag vertoont: grote kans dat je ze op verschillende dagen omstreeks 10 uur 's morgens baltsend en parend aantreft. Overigens zijn de twee qua afstamming wel heel nauw met elkaar verwant (zie ook het verwantschapsschema op p. 20). Dat uit zich onder andere ook in gemakkelijke kruisbaarheid. Bij de meeste hybriden in deze zogenaamde *P. conchonius*-groep van verwante soorten bestaat een eerste generatie (F1) alleen uit mannen (die overigens steriel zijn). De F1 van *P. cumingii* en *P. reval* omvat echter zowel vrouwen als mannen. (Een F2 hebben we helaas niet serieus geprobeerd).

populaties van soorten in de heuvels is de variatie in de timing van voortplanting blijkbaar groter. Bovendien hebben niet alle moesson-gebieden al te scherp onderscheid tussen droge en natte tijden. Het equatoriale klimaat in het laagland van Zuid-West Sri Lanka laat, zoals we zagen[61], ook de nodige flexibiliteit in paaitijden toe.

---

[61] Zie deel 1, hoofdstuk V.27.

Hoofdstuk V

Paringsscores: wat krijgen ze voor de moeite?

In de grote groepen in grote bakken kun je niet alleen zien hoe de mannen met elkaar omgaan en de ruimte verdelen; je kunt er ook nagaan wat verschillende gedragsopties hun opleveren. Winst of verlies dus. Waar zullen we die in uitdrukken? Niet in geld, natuurlijk, maar in waar het allemaal om begonnen is: voortplantingssucces. Voor mannen betekent dat het aantal bevruchte eieren als procent van het totaal aantal eieren dat de vrouwen via paringen aanbieden.

Nu kun je onder gunstige lichtcondities de eieren na de paring zien zinken. Als het een beetje dichtbij en hoog genoeg gebeurt kun je ze nog wel tellen ook. Het is echter onmogelijk om dat bij alle paringen te doen, laat staan dat je zou kunnen nagaan hoeveel eieren er bevrucht zijn en zich ontwikkelen tot volwassen individuen. Want dáár gaat het eigenlijk om: wat is de relatieve bijdrage van ieder mannetje en ieder vrouwtje aan de volgende generatie. Wat wél heel goed gaat is bijhouden wie met wie paart, gerekend over een uur, een hele paringsperiode of over een standaard aantal opeenvolgende dagen. Dat is wel niet over het hele leven van ieder beestje, of tenminste de hele periode waarin hij een bepaalde rol speelt, zoals eigenlijk zou moeten, maar het is toch een benadering. Evenzo kun je het aantal paringen als een redelijke benadering van ieder's voortplantingssucces beschouwen, ook al leveren niet alle paringen evenveel eieren op. De resultaten van onze tellingen van paringen, die Appendix D te vinden zijn, zijn overigens zo duidelijk — en statistisch zeer significant — dat ze daardoor al overtuigen.

Eerst maar even nadenken: van welke gedragingen van de mannen kunnen we vermoeden dat het *tactieken* zijn om hun paringssucces te vergroten? De eerste geldt voor alle soorten: domineren over alle andere mannen (1). Die andere mannen kunnen daar wel iets tegenover stellen. Laten we zulke tegen-tactieken *repliek* noemen. We onderscheiden er drie: aanval van de dominant pareren met *lateraal dreigen* (lateraal vertoon)(2), een eigen *territorium* vestigen (3), of strijd zoveel mogelijk *vermijden* en in de daarmee gewonnen tijd zo goed en efficiënt mogelijk baltsen (4). In het bijbehorende schema (fig. V.1 op p. 55 staan tactiek en replieken onderstreept. Daar is ook nog een mogelijkheid tot revanche van de dominant aangegeven, *dupliek* genoemd. Die bestaat bij enkele soorten waarbij alle mannen van een groep (aanvankelijk) territoriaal zijn, maar waar één man vanuit een bescheiden begin geleidelijk stukjes terrein erbij pakt (5). Bij *P. titteya* kan dat 'landjepik' oplopen totdat die man driekwart van een $3 \times 1m$ bak beheerst! De anderen kunnen zich dan net handhaven in de overblijvende ruimte, al of niet met een minimaal territoor.

De drie verschillende tactieken die we in de figuur 'repliek' noemen, zijn manieren waarop mannen die er niet in slagen zelf dominant te worden kunnen proberen iets terug te winnen op de succesvolle dominante man. Een 'plan B' voor als 'plan A' niet lukt. Het kan natuurlijk ook voor sommige individuen hún plan A zijn. Immers, talenten kunnen verschillen, en als je er van te voren al op kunt rekenen tóch niet dominant te worden, kun je misschien beter meteen al je energie steken in de B-rol. Er zijn ook omstandigheden denkbaar — bijvoorbeeld bij soorten bij welke de paaigroepen altijd heel groot zijn — waarbij het voor álle mannen gunstiger is om niet op het veroveren van dominantie te rekenen. We zullen straks zien dat dat allemaal reële mogelijkheden zijn.

Houd het schema er maar bij, beste lezer, want er zijn bij iedere tactiek complicaties te vermelden. De dominante rol is voordelig als de paaigroepen klein zijn. 2 of 3 rivalen kan iedere dominante man wel de baas; en niet alleen bij grotere aantallen mannen wordt de

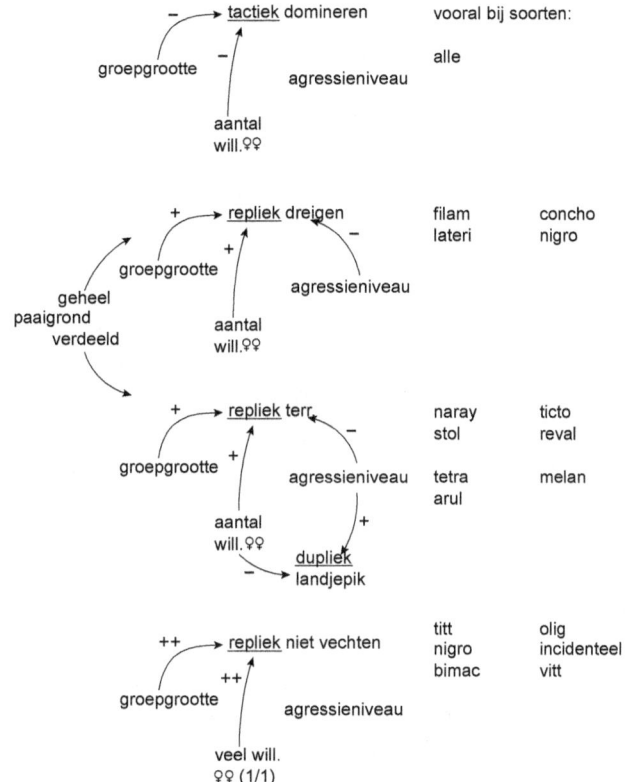

Figuur V.1 – Verschillende tactieken (replieken, dupliek) waarmee mannen hun paringsscore kunnen verhogen. + = bevordert; – = verkleint effect; terr. = (tegen)territorium; will. = willig; 'agressieniveau' is typisch voor de soort; 1/1 = evenveel vrouwen als mannen; in de rechterkolom staan de soorten voor welke de diverse tactieken vooral van belang zijn: filam = filamentosus; concho = conchonius; lateri = lateristriga; nigro = nigrofasciatus; naray = narayani; stol = stoliczkanus; tetra = tetrazona; melan = melanampyx; arul = arulius; titt = titteya; olig = oligolepis; bimac = bimaculatus; vitt = vittatus.

poging allen te domineren zinloos, maar ook als er meerdere willige wijfjes rondzwemmen. Ook een dominante man kan maar één vrouw tegelijk bebaltsen.

Nu wat meer over de drie verschillende *replieken* die in het schema staan: dreigen (2), territoriumvorming (3) en (4) niet-vechten. Lateraal *dreigen* als respons op een aanval is een probaat middel om de aanvaller te weerstaan[62], maar stimuleert hem ook om eveneens te gaan dreigen[63]. Zo ontstaat, in een dreig-dreig situatie, een minstens tijdelijke gelijkheid waar eerst een dominant-inferieur relatie was. Dat kan de inferieur van tijd tot tijd de kans geven om te paren, uiteraard ten koste van de dominant. In Appendix D bewijzen we dat aan de scores van *P. filamentosus* die als soort meer een dreiger dan een aanvaller is. Dit in vergelijking met *P. lateristriga* waar de aanval relatief sterk ontwikkeld is. De scores van de inferieure *P. filamentosus*-mannen vallen door dat verschil in aanleg een stuk gunstiger uit dan die van hun *P. lateristriga*-lotgenoten. Dat betekent tevens dat, bij een met veel agressie begaafde soort, het verweer-door-middel-van-dreigen teniet gedaan kan worden. Een kwestie van offensief tegenover defensief (zie in het schema: agressieniveau).

De soorten bij welke deze strijd tussen domineren en dreigen speelt zijn vooral de niet-territoriale met paai-aggregaties. Daarvan kunnen we, naast *P. filamentosus*, *P. conchonius* onder de defensieve dreigers rekenen, en *P. nigrofasciatus* met *P. lateristriga* tot de meer offensieve.

Voor de repliek *territorium* (3) geldt vrijwel hetzelfde als voor repliek dreigen. Ook een defensief wapen dus. De effectiviteit van deze repliek wordt in Appendix D met cijfers gestaafd. Ook voor deze defensie geldt dat hij doorbroken kan worden door een dominant, met name bij de agressievere soorten *P. melanampyx* en *P. tetrazona*. Mannen van *P. reval*, *P. narayani*, *P. ticto* en waarschijnlijk *P. stoliczkanus* kunnen er echter veel succes mee boeken. Interessant is dat de eerstgenoemde soort tot de agressievere gerekend moet worden. De territoriale repliek werkt bij hen tóch goed doordat

---

[62]Dat werd reeds bewezen door Dunham *et al.* (1968).
[63]Zie boven (p. 30) en deel 1, *pp.* 23 en 124).

ze zuivere puntterritoria hebben met een enorme wederzijdse doordringing, waardoor zelfs fel aanvalsgedrag slechts tot uitwijken en
terugkomen leidt en niet tot veroveren van terrein. Dreigen is bij die
soort, zelfs in grotere groepen, niet aan de orde. Dit in tegenstelling
tot *P. narayani* die waarschijnlijk beide replieken 2 en 3 gebruikt.

Dan de derde vorm van repliek: *niet vechten* (4). In plaats van tijd
te steken in het domineren danwel weerstaan van sexegenoten kan
een mannetje zich in theorie ook proberen te specialiseren in het
handig verleiden van vrouwtjes, liefst zonder veel plichtplegingen.
Als de groep groot genoeg is en veel willige vrouwtjes omvat kan
dat wel lukken (zie weer het schema). Zulk gedrag is waargenomen
bij individuele manlijke *P. nigrofasciatus*, zowel in het laboratorium
(6♂♂6♀♀) als in het veld. In beide gevallen boekten zulke mannen
aanzienlijk succes. Hoevéél ten opzichte van andere mannen is niet
bekend.

Veel algemener lijkt deze tactiek van non-agressie/non-defensie
toegepast te worden door die Europese soorten van Karperachtigen
die één keer per jaar massaal paaien in een (zelfgekozen) beperkte
ruimte. Omdat het voortplantingsgebeuren bij deze vissen samen-
geperst is in slechts enkele dagen, is de proportie willige vrouwen
waarschijnlijk één op één, dat wil zeggen hoger dan bij de hier besproken barbelensoorten waar vrouwen op de paaiplaats meestal in
de minderheid zijn[64].

Dezelfde optie: achterwege laten van vechtgedrag en inkorten van
de balts vinden we bij de barbelensoorten *P. bimaculatus* en *P. vittatus*, zij het dan om andere redenen. Bij *P. bimaculatus* heeft het te
maken met de voortbewegings-drang van de willige vrouwtjes en de
noodzaak voor een baltsende man niet het contact met haar te verliezen door schermutselingen met zijn sexegenoten. Bij *P. vittatus*
speelt mogelijk het geringe zicht in de moerassige laaglandmilieu's
en de afwezigheid van paaiaggregaties een rol. Onder die omstandigheden moet een man direct reageren op ieder willig vrouwtje dat in

---

[64]Dat heeft te maken met het feit dat de vrouwen tijd nodig hebben om
nieuwe, rijpe eicellen aan te maken. *P. nigrofasciatus*-vrouwtjes wisselen daartoe
lange reeksen van 'willige dagen' af met lange periodes van rust. Wijfjes van
P. narayani doen dit wellicht door ongeveer om de andere dag te gaan paaien.
Beide gewoonten leiden tot grofweg een halvering van het aantal vrouwen op de
paaiplaats ten opzichte van het aantal mannen.

zijn buurt komt, zonder tijd te verliezen aan territoriale of andere concurrerende gevechten. Vergelijkbare gedragskenmerken kunnen als aanpassing aan verschillende omstandigheden optreden! Dat is het omgekeerde van wat op p. 49 verondersteld werd. Daar werd de vraag gesteld of eenzelfde milieutype tot verschillende combinaties van aanpassingen kan leiden. Dàt kunnen we níet zo goed documenteren.

De met dupliek 'landjepik' (3) aangeduide tactiek is weer offensief van de kant van de man in de dominante rol. Deze gang van zaken is typisch voor *P. titteya* en *P. oligolepis*. Of het vermogen tot gebiedswinst identiek is met de gewone aanvalskracht is niet zeker. Het feit dat de meest agressieve van de twee genoemde soorten (tabel B.4) ook de sterkste landjepik-speler is pleit er vóór.

Beste lezer, het is je vast al opgevallen dat de overeenkomsten en verschillen tussen soorten waarvan we hier de tactieken bekeken veel gelijkenis vertoont met onze indeling in gedragstypen (hoofdstuk III.2). Dreigen als repliek bij de vier aggregerende, territoriumloze soorten (type 1), territoria bij typen 2, 3, 6, 7 en 8, landjepik bij *P. titteya* en *P. oligolepis* en niet-vechten bij *P. vittatus* en *P. bimaculatus*. Het herkennen van de hier behandelde[65] gedragsopties als tactieken om de paringsscore te verhogen geeft een solide, biologische betekenis aan de verschillen tussen de gedragstypen. Het hoofddoel voor mannen van alle soorten is gelijk: een zo groot mogelijke proportie van de paringen veroveren. Ze verschillen in de manier waarop ze dit doel nastreven. Dat geldt niet alleen tussen soortgenoten (plannen A, B enzovoort) maar ook tussen soorten. Welke tactieken mannen van een soort kiezen hangt weer samen met de eigenschappen van hun habitat (hoofdstuk IV).

De tactieken van de mannen zijn niet alleen goed voor henzelf, maar de resultaten ervan zorgen ook dat de volgende generatie het net zo aanpakt. Streven de mannen van een soort vooral naar een dominante positie, al of niet gecombineerd met een territorium (bijvoorbeeld *P. melanampyx*, *P. titteya* of *P. lateristriga*), dan levert die positie ook een percentueel hoge score op. Verdelen ze daarente-

---

[65] Er zijn nog wel meer tactieken te ontdekken, zoals het al genoemde 'inwonen' in het territorium van een sterkere man, maar daarover hebben we onvoldoende quantitatieve gegevens voor een analyse.

gen de ruimte (of de rangorde) zonder veel om de afmeting van hun territoria (of hoogte in rang) te geven (*P. narayani*, *P. ticto*, *P. filamentosus*), dan zijn de paringsscores ook meer gelijk verdeeld[66]. Dat wijst erop dat de sexuele selectie bij alle soorten vooral stabiliserend werkt: de volgende generatie zal het aanpakken zoals de oudere het deed.

Misschien moeten we er nog op wijzen dat de sociale verhoudingen die we beschreven hebben in het aquarium voor alle soorten onder dezelfde omstandigheden tot stand kwamen. Dat betekent dat deze patronen een aanzienlijke genetische component hebben[67], en dus door natuurlijke selectie beïnvloedbaar zijn.

De sociale structuur van een soort verandert dus niet zomaar. Ze is afhankelijk van een verandering van natuurlijk milieu (of een verhuizing).

Het is interessant om te zien door hoeveel omgevingsfactoren het sociale systeem van een soort gevormd is. Zo is het agressie-niveau van een soort tenminste deels gevormd door de predatoren waaraan hij blootstaat (deel 1, hoofdstuk I); de keuze tussen de verschillende replieken door de structuur van de natuurlijke habitat in ruimte en tijd (hoofdstuk IV van dít deel). De grootte van de paaigroepen, bijvoorbeeld, wordt bepaald door de oppervlakte-verhouding tussen geschikte paaiplaatsen en het dagelijkse leefgebied; de keuze tussen repliek dreigen en repliek territoriumvorming (tenminste deels) door de topografie van het paaigebied: homogeen of verbrokkeld. Zo kan men de eigenschappen van *P. bandula* (slordig dagritme, sterk accent op aanval en domineren) begrijpen doordat de grootte van de paaigroepen sinds hun afstamming van de vermoedelijke voorouder *P. nigrofasciatus*[68] sterk afgenomen is. In de relatief kleine stromen

---

[66] Dit suggereert overigens dat het agressie-niveau van een soort niet allééñ door interacties met predatoren bepaald wordt, maar ook in stand gehouden wordt door sexuele selectie.

[67] Helemaal sluitend is dit argument niet. Theoretisch zouden de jongere dieren van de oudere kunnen *leren* hoe het moet, bijvoorbeeld door bij voorkeur succesvolle leden van de oudere generatie te imiteren. Zowel in de natuur als in onze aquaria zijn jongen van vele soorten in de gelegenheid (geweest) om die ervaring op te doen. Erg waarschijnlijk lijkt deze niet-genetische overdracht ons in het geval van barbelen niet.

[68] Zie Pethiyagoda, R., M. Meegaskumbura & K. Maduwage, 2012. A synopsis of the south-Asian fishes referred to *Puntius* (Pisces: Cyprinidae). Ichthyol.

die de natuurlijke habitat van *P. bandula* vormen is gewoon niet voldoende plaats voor grote populaties, noch voor uitgestrekte, geschikte paaiplaatsen. Hoe hun voorouders, in de vorm van een klein aantal *P. nigrofasciatus* daar terechtgekomen zijn, en hoe lang geleden, valt vooralsnog niet te beantwoorden. Er is in het betreffende gebied in de wijde omgeving geen typische *P. nigrofasciatus*-stroom te vinden[69].

Voor mannen van *P. titteya* (en *P. oligolepis*) is van belang dat de vrouwen van die soort zuinig zijn met het afgeven van paringen en eieren. De sterke territoriale neigingen van de mannen van deze soorten zijn daar een antwoord op. En dat staat weer in verband met de voorkeur van willige vrouwen voor grote territoria met een groot, stil centrum. Die vrouwelijke 'zunigheid' zal weer zijn oorzaak vinden in de beperktheid van de ruimte in de kleine, poelvormige delen van hun moerasstroompjes, waardoor spreiding van bevruchte eieren in ruimte en tijd om eiroof door predatoren te voorkomen extra van belang is[70]. De rol van die zuinigheid bij de (evolutionele) vorming van het mannengedrag van die soort stond al aangegeven in de functionele kaart op pagina 136 van deel 1. Met behulp van wat in het huidige boek gezegd is over gedragstypen worden die functionele kaarten van diverse soorten (deel 1 pp. 135–137) gemakkelijker begrijpelijk. In het volgende hoofdstuk drukken we ze nog eens af, met gedetailleerde uitleg. Ze vormen tegelijk een basis voor de twee laatste hoofdstukken van dit boek.

Explor. Freshwaters 23(1): 69–95. Volgens de DNA analyses in Pethiyagoda *et al.* (2012) is *P. bandula* het nauwst verwant aan *P. nigrofasciatus*, en *P. reval* aan *P. cumingii*.

[69]Te zien op de gedetailleerde topografische kaart (1 inch = 1 mile) van het Sri Lankaanse Survey Department.

[70]We hebben geobserveerd hoe, ook in het veld, allerlei andere vissen, meest van andere soorten, een baltsend stel consequent volgen en na iedere paring van de twee even feest vieren. Extreme spreiding in de tijd tussen de paringen met telkens één ei betekent een heel grote inspanning voor de ei-predator voor ieder ei dat hij vangt. De kans is dan groot dat de achtervolger afhaakt omdat hij elders met dezelfde moeite meer voedsel kan 'vangen'.

Hoofdstuk VI

De functionele kaarten van de gedragstypen

Ieder van zeven schema's in dit hoofdstuk (fig. VI.1 t/m VI.7 re-presenteert een soort; en iedere soort vertegenwoordigt een gedrags-type. In elk van de tekeningen staan twee cirkels. Soms is er maar één gevuld, zoals bij *P. nigrofasciatus* en *P. tetrazona*. Daar vormen respectievelijk 'aggregeren om te paaien' en 'manlijke territorialiteit' de kern. Bij *P. narayani* en *P. melanampyx*, met hun combinatie van aggregatie en (daarbinnen) territoria, zijn beide eigenschappen in een cirkel vermeld. In twee gevallen staat er in de linkercirkel iets anders dan 'aggregeren', namelijk 'vrouwtje bleu' bij *P. titteya* en 'man nest' voor *P. phutunio*. Dat "bleu" staat voor de zuinigheid die de vrouwen van het *titteya*-type beoefenen in het afzetten van eieren: één per paring, nooit tweemaal kort achter elkaar of minutenlange pauzes in de overigens continue balts (p. 152 en noot 133). Wat met 'nest' bedoeld wordt hebben we ook al besproken (p. 38–39). Dat het hebben en verdedigen van dat nestje als het ware om een territorium eromheen vraagt is de reden voor de pijl die hier van de ene naar de andere cirkel wijst: territorialiteit is bij deze soort te beschouwen als een aanpassing aan het feit dat de man een nest bezit.

Die pijl is tegelijk de enige in alle zeven schema's die náár een cirkel tóe loopt. Daarentegen lopen er van iedere gevulde cirkel

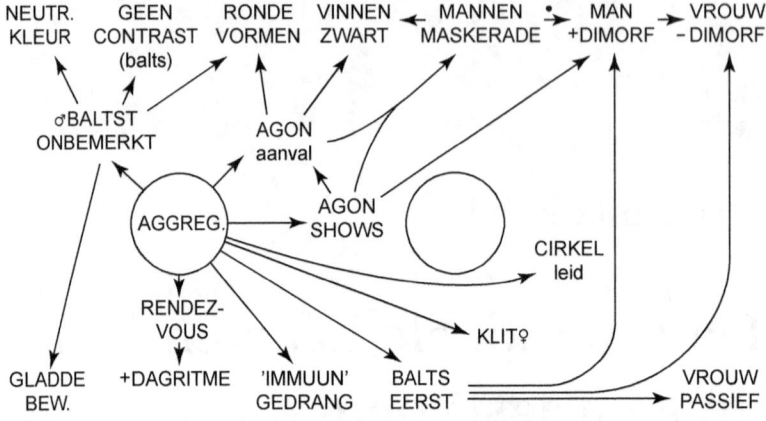

Figuur VI.1 – De functionele kaart van gedragstype 1: *nigrofasci-atus*. Hoofdeigenschap: aggregeren van mannen en vrouwen om te paaien. Alle eigenschappen van kleurcontrast, vorm, sexuele dimor-fie, de bewegingswijzen en de samenstelling van balts- en vechtgedrag zijn aan die aggressie-condities aangepast.

Het aggregeer-gedrag zélf is aangepast aan een milieu dat in de tijd constant is van vorm en grootte, en waar geschikte paaiplaatsen rela-tief zeldzaam zijn, maar ieder voor zich zo uitgestrekt en homogeen zijn dat territoriumvorming voor mannen geen voordeel heeft. Andere soorten van het type idem, behoudens kleine verschillen (*P. conchonius, P. filamentosus, P. lateristriga*). Afkortingen p. 61–70.

meerdere pijlen wég. Zo'n pijl betekent dat de eigenschap aan de basis van de pijl 'gediend' is met degene aan de pijlpunt. Of omge-keerd: de eigenschap aan de punt is te begrijpen als een evolutionaire aanpassing aan die aan de basis. Je kunt je daarbij voorstellen dat de 'punt' door natuurlijke selectie gevormd (ontwikkeld, bijgeslepen of gehandhaafd) is onder invloed van de 'basis'.

Als je dat weet, dan zie je ook het grote verschil tussen die paar eigenschappen in de cirkels en alle andere. Terwijl de eersten door geen enkele andere eigenschap van de soort als aanpassing te verkla-ren zijn, zijn alle anderen dat wél met betrekking door de omcirkelde — soms via een tussenstap. Zo'n schema laat dus heel veel kleine evolutionaire aanpassinkjes zien, ooit geïnitieerd door één of twee

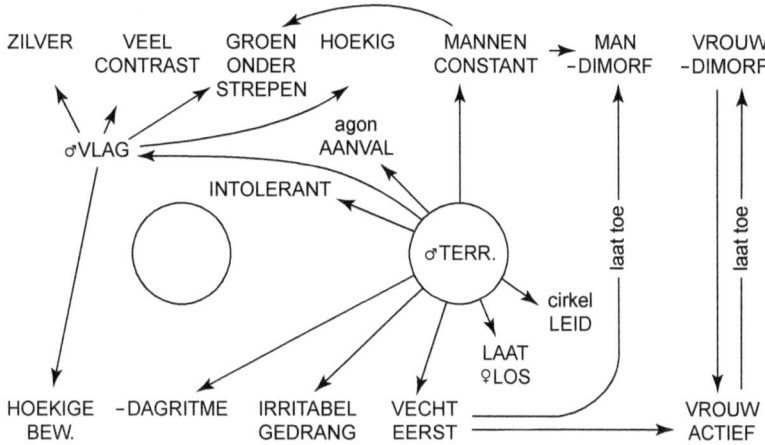

Figuur VI.2 – De functionele kaart van gedragstype 2: *tetrazona*. Hoofdeigenschap: mannen vormen paaiterritoria. Intolerant tegen indringers. Alle eigenschappen van kleurcontrast, vorm, sexuele dimorfie, de bewegingswijzen en de samenstelling van balts- en vechtgedrag zijn aan die territoriale situatie aangepast.

Het intolerante territoriumgedrag zélf is aangepast aan een milieu waarin paaiplaatsen alleen in de natte seizoenen voorhanden zijn, maar dan ook zo uitgestrekt en vol structuren dat iedere man naar believen een territorium kan vinden.

Andere soorten van het type idem, behoudens kleine verschillen (*P. stoliczkanus*). Afkortingen p. 61–70.

grote. Waar zijn die laatsten dan aan aangepast? Dát is nu juist de vraag die ons ooit tot het veldonderzoek gebracht heeft, omdat we dachten dat het antwoord zou zijn: aan het milieu, de specifieke habitat van elke soort. Die hypothese is intussen redelijk bevestigd. Deel 1 van dit boek deed daar verslag van.

Wat *zijn* dan al die kleine, secundaire aanpassingen? In de bovenste regel van de schema's staan de morfologische kenmerken die als zodanig opgevat kunnen worden. We hebben er in hoofdstuk III.3 (*p.* 35) al over verteld. In de figuren worden ze herleid tot twee hoofdfuncties: (1) het mannetje vestigt, uit de verte gezien, zo min mogelijk aandacht op zichzelf als hij baltst (♂ baltst onbemerkt);

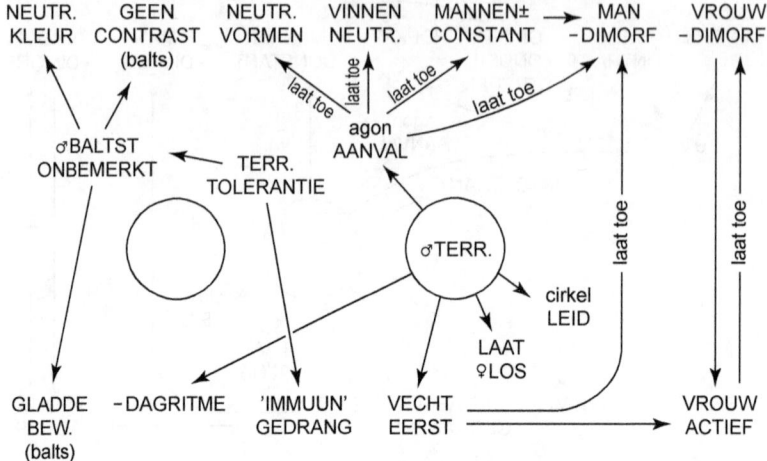

Figuur VI.3 – De functionele kaart van gedragstype 3: *reval.*
Hoofdeigenschap: mannen vormen paaiterritoria van het pure punt-
type; zeer tolerant tegenover 'indringers'. Alle eigenschappen van
kleurcontrast, vorm, sexuele dimorfie, bewegingswijzen en samenstelling van balts- en vechtgedrag zijn aan die vorm van territorialiteit
aangepast.
Het tolerante en daardoor flexibele territoriumgedrag zélf is aangepast aan een milieu waarin geschikte paaiplaatsen op onvoorspelbare
tijden beschikbaar komen, veelal ruimtelijk gestructureerd zijn en
zeer wisselend van afmetingen. Door de 'samendrukbaarheid' van de
territoria kunnen ze al van kleine overstromingkjes profiteren.
Geen andere soorten van dit type bekend. Afkortingen p. 61–70.

maar (2) ziet er indrukwekkend uit — althans van dichtbij — tijdens de gezamenlijke dreigpartijen (agon shows).

Het alternatief voor 'onbemerkt baltsen' is dat het mannetje voort-
durend als een 'vlag' rondzwemt, van grote afstand opvallend en
herkenbaar. Dat laatste heeft te maken met het *adverteren* van een
territoor; onbemerkt baltsen daarentegen met de nabijheid van vele
concurrenten in een aggregatie. Gladde of juist hoekige bewegingen
(links onderaan in de figuren) ondersteunen de genoemde functies
verder.

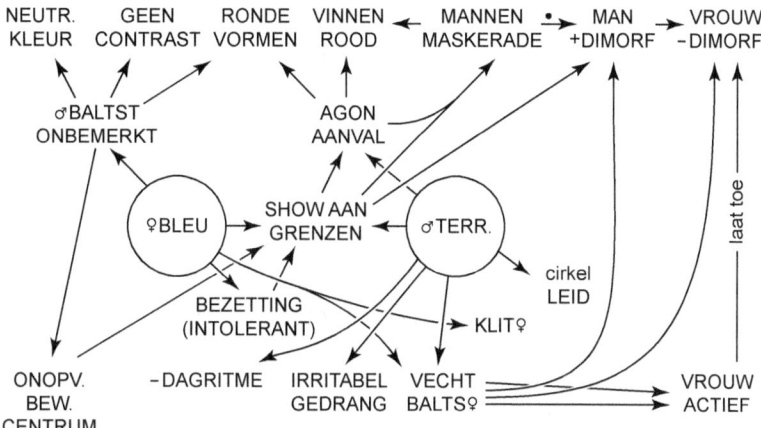

Figuur VI.4 – De functionele kaart van gedragstype 4: *titteya*.
Hoofdeigenschappen: (a) mannen vormen zeer exclusieve paaiterritoria, in het centrum waarvan ze bijna onaantastbaar zijn; (b) de
vrouwen zijn zuinig in het meewerken aan paringen. Alle eigenschappen van kleurcontrast, vorm, sexuele dimorfie, de bewegingswijzen
en samenstelling van balts- en vechtgedrag zijn aangepast aan één
van die twee hoofdkenmerken, of aan de combinatie van die twee.
Het zeer op terrein-bezetting en terreinwinst toegespitste territoriumgedrag zélf is aangepast aan een milieu dat geen aparte paaiplaatsen
biedt en dat geheel bestaat uit — onderling verbonden — watertjes
die door 1 of 2 mannen gemakkelijk als territorium genomen kunnen worden. Ook de 'zuinigheid' van de vrouwen in het afgeven van
de eieren en het toestaan van paringen past bij deze ruimtelijke beperkingen, waar ei-predatoren (andere vissen) anders te gemakkelijk
hun slag zouden kunnen slaan door een baltsend paar te volgen.
Andere soorten van het type idem, behoudens kleine verschillen
(*P. oligolepis*). Afkortingen p. 61–70.

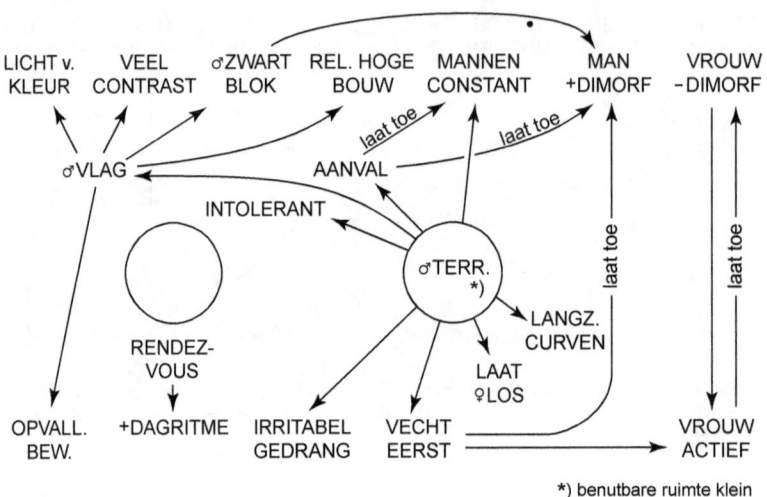

Figuur VI.5 – De functionele kaart van gedragstype 6: *melanampyx*. Hoofdeigenschap: mannen vormen bezettingsterritoria, (bij *P. mela-nampyx*) soms met niemandsland ertussen; zeer intolerant tegenover indringers. Alle eigenschappen van kleurcontrast, vorm, sexuele di-morfie, bewegingswijzen en samenstelling van balts- en vechtgedrag zijn aan die felle territorialiteit aangepast. Echter: wèl een dagritme. De combinatie van intolerante territorialiteit met dagritme is aange-past aan milieu's die lange tijd achtereen — zo niet het hele jaar — bereikbare paaiplaatsen hebben die sterk gestructureerd en/of heel beperkt van omvang zijn. Voor *P. melanampyx* zijn het waarschijn-lijk kleine, luwe plekjes in een overigens sterke stroming, voor *P. ticto* lage, struikachtige vegetatie in smalle reepjes langs de oevers van de stromen waarin ze leven.
Andere soorten van het type idem, behoudens kleine verschillen (*P. ticto*).Afkortingen p. 61–70.

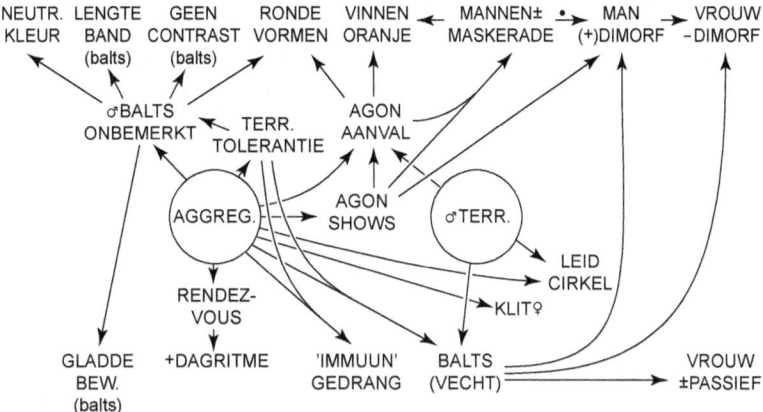

Figuur VI.6 – De functionele kaart van gedragstype 7: *arulius*. Merk op dat de afgebeelde kaart — om historische redenen — niet die van *P. arulius* is, maar die van *P. narayani*. Hoofdeigenschappen: (a) mannen en vrouwen aggregeren om te paaien; (b) mannen vormen individuele territoria binnen de aggregaties; tolerant tegenover indringers. Alle eigenschappen van kleurcontrast, vorm, sexuele dimorfie, bewegingswijzen en samenstelling van balts- en vechtgedrag zijn aan één van die twee hoofdkenmerken aangepast of aan de combinatie van beide.

De combinatie van aggregatie met tolerante territorialiteit zélf is aangepast aan een milieu waarin geschikte paaiplaatsen, net als bij gedragstype 1, relatief zeldzaam zijn, maar ieder voor zich tamelijk uitgestrekt en zodanig gestructureerd dat meerdere mannen er met succes territoria kunnen verdedigen.

Andere soorten van het type idem, behoudens kleine verschillen (*P. arulius tambraparniei, P. padamya, P. bandula, P. cumingii*). Afkortingen p. 61–70.

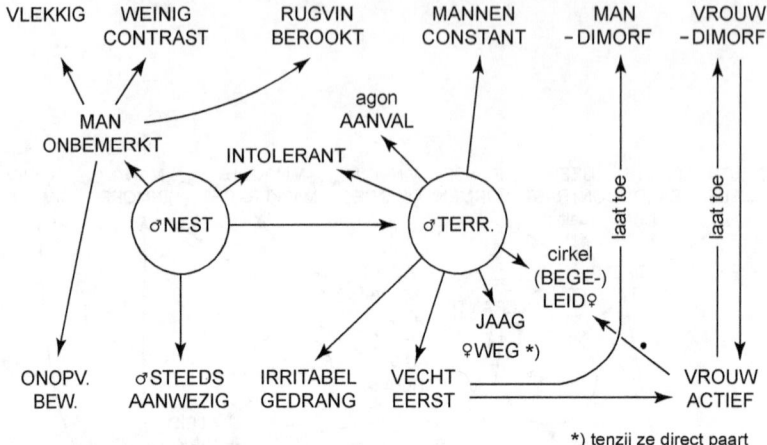

Figuur VI.7 – De functionele kaart van gedragstype 8: *phutunio.*
Hoofdeigenschap: man gebruikt plantenpluk als 'nest'. Alle eigenschappen van kleurcontrast, vorm, sexuele dimorfie, bewegingswijzen
en samenstelling van balts- en vechtgedrag zijn daaraan aangepast,
inclusief de manlijke territorialiteit.
Deze emergente vorm van nest-verdediging en broedzorg zélf is mogelijk aangepast aan een milieu dat gedurende lange tijd, zo niet het
jaar rond, constant is van vorm en afmetingen, met sterk gestruc-
tureerde geschikte paaiplaatsen die al dan niet samenvallen met het
dagelijkse leefgebied.
Geen andere soorten van dit type bekend. Afkortingen p. 61–70.

In plaats van 'dreigpartijen' of 'wederzijds dreigen' gebruiken we
ook de term 'agon'. Dat is Grieks voor de Wedstrijden; toepasselijk
en lekker kort.

Nu moeten we even uitleggen wat het betekent dat een deel van
de items in de figuren in groot danwel klein lettertype getekend
zijn. 'AGON aanval' betekent: meer agon dan regelrechte aanval;
'CIRKEL leid': de balts bestaat meer uit cirkelbewegingen om de
vrouw heen dan uit leidbewegingen wég van haar. Etcetera. De
omgekeerde toepassing van de twee lettertypen betekent natuurlijk
het omgekeerde: 'cirkel LEID' betekent dat 'leiden' de overwegende
baltsmanoeuvre is.

In de onderste regel staan *gedrags*kenmerken. Bijvoorbeeld 'dag-ritme in paaien' wel (+) of niet (-) aanwezig. Dat dagritme dient meestal het tegelijk naar een aggregatie-plaats gaan (rendez-vous). De andere eigenschappen van die onderste regel en in de midden-ruimte van de figuren zijn van belang voor hetzij het paaien in ag-gregaties hetzij voor het territoriale leven. Als je in aggregaties paait, dan is het belangrijk om je niet gauw te laten storen door de drukte (immuun gedrang), om zoveel mogelijk gespitst te zijn op een kans om te baltsen (als je de keus hebt tussen vechten en baltsen, kies je baltsen). Verder probeer je zo goed mogelijk aan een vrouwtje te blijven hangen (klit ♀) en begeef je je niet te ver van haar weg (CIRKEL leid). Het zal duidelijk zijn dat voor territori-umhoudende mannen veelal het omgekeerde geldt. Hun territorium is hun garantie om te kunnen baltsen. Dus éérst aanvallen als er iemand binnenkomt. Dat legt op de vrouw de noodzaak om zich als willig vrouwtje kenbaar te maken en niet meteen op de loop te gaan (vrouw actief). Als contrast noemden we de vrouwen van niet-territoriale soorten 'passief'. Een territoriale man die bij zijn balts in zijn territorium gestoord wordt door een rivaal jaagt eerst de indringer weg en baltst dan verder. Direct aanvallen kost minder (balts)tijd dan een partijtje wederzijds dreigen (agon) en dus staat er in dit geval: AANVAL agon.

In de bovenste regel van de figuren staat ook sexuele dimorfie genoemd, gesplitst in de bijdrage daaraan van de mannen en die van de vrouwen. Het gaat hier om de kleurverchillen tussen de beide sexen: zijn ze ongeveer gelijk gekleurd/getekend of verschillen ze juist nadrukkelijk van elkaar? Het is duidelijk dat zowel de mannen als de vrouwen hieraan hun eigen bijdrage geven. Vandaar dat in de figuren apart 'man dimorf' en 'vrouw dimorf' staat. 'Man +dimorf' betekent dat het de man is die van kleur verandert en daardoor verschil met de andere sexe veroorzaakt. Blijkbaar is die verandering in het voordeel van de man. De pijl(en) er naar toe laten zien wat de functionele reden is van die toestand. De aanduiding 'man −dimorf' of 'vrouw −dimorf' betekent dat de man respectievelijk de vrouw *niets* doet om een sexeverschil te creëren. We vatten dit ingewikkelde onderwerp samen in een paar regels:

1. Als de eerste reactie van mannen is om te baltsen, dan is het daardoor van belang voor mannen om niet door sexegenoten bebaltst te worden[71]. Er anders uitzien is een afdoende afweermiddel. Voor vrouwen is het dan voordelig niet méé te veranderen.

2. Als de mannen als eerste reactie juist vechten, dan is zo'n verkleuring niet nodig.

3. Territoriale mannen hebben voordeel van een vlagachtig uiterlijk. Dat kan tot sexuele kleurverschillen leiden, omdat voor de vrouwtjes iets dergelijks niet nodig is. Ze zouden er zelfs extra agressie door mannen mee kunnen uitlokken, hetgeen niet in hun voordeel is.

4. Als mannen territoriaal zijn, vraagt dat van de vrouwen een actieve benadering (♀ actief).

5. Als één van de sexen bij de voortplanting van kleur verandert, hoeft de andere sexe om een verschil te creëren *niet* te veranderen.

6. Als de vrouwen actief wervend gedrag vertonen, zijn kleurveranderingen om zich als willig vrouwtje kenbaar te maken overbodig.

Nog één item, en dan houden we er over op. 'Tolerant' of 'intolerant' staan hier als aparte eigenschappen ingetekend, maar zijn natuurlijk eigenlijk nadere kenmerken van het type territorialiteit dat bij de soort hoort. Bezettingstype en 'eiland-met-niemandsland' zijn intolerant; puntterritoria zijn tolerant.

De lezer heeft wellicht één schema gemist, want er waren toch 8 gedragstypen? Dat klopt. Het *vittatus*-type mist. Welnu, het zou ook weinig helpen om de kaart van *P. vittatus* toe te voegen want,

---

[71]Uit waarnemingen met homosexuele mannetjes weten we dat een bebaltste man daardoor zeer gehinderd wordt in zijn eigen baltspogingen tegen vrouwen (Kortmulder, 1972). Bij ons in Nederland hanteert de Bruine Heikikker eenzelfde systeem. In de paartijd kleuren de mannetjes helder blauw om niet door andere mannen besprongen te worden. De heren plegen alles wat op een heikikker lijkt vast te pakken, behalve als die niet bruin maar blauw ziet (Voogt, 2014).

Tabel VI.1 – De in de figuren van dit hoofdstuk gebruikte afkortingen.

afkorting		betekenis
aggreg	=	aggregatie
gladde bew.	=	gladde bewegingswijze
hoekige bew.	=	hoekige bewegingwijze
langz. curven	=	langzame curven in balts
neutr. kleur	=	neutrale, niet zilverige grondkleur
onopv. bew. centrum	=	onopvallende bewegingswijze in centrum van territoor
opvall. bew.	=	opvallende bewegingen
terr.	=	territorium

gezien het algemene opportunisme van deze visjes bij het paaien, en de weinig geprononceerde aanwezigheid van de bij de andere 7 typen relevante eigenschappen, zou die kaart practisch leeg zijn. Zo, nu hebben we hem dus eigenlijk toch toegevoegd. De heel specifieke aanpassingen die bij *P. vittatus* en *P. bimaculatus* wél te vinden zijn, staan besproken in noot 134 op p. 154.

We geven nog een lijstje van in de figuren gebruikte afkortingen (Tabel VI.1).

Beste lezer, we hopen dat je de hoofdgedachte van dit hoofdstuk te pakken hebt: *Het (voortplantings)gedrag en -uiterlijk van iedere soort kan begrepen worden als een verzameling kleine aanpassingen aan één of twee hoofdeigenschappen, die op hun beurt aangepast zijn aan een specifieke natuurlijke habitat.* We komen er in de laatste twee hoofdstukken nog een keer op terug. Het is makkelijk de functionele kaarten daar bij de hand te houden.

Hoofdstuk VII

Eurêka?

We lijken ons doel bereikt te hebben. De onderlinge samenhang van eigenschappen van een soort is begrepen; er is een overzichtelijke indeling in gedragstypen gevonden, en die laatste correspondeert goed met onze indeling van habitattypen in tropisch zoetwater. In theorie klopt het allemaal en het geheel berust op veelvuldige observaties van wateren in het veld en op een fors bestand van quantitatieve gegevens over gedrag in het lab van zo'n 20 soorten. Wat wil je méér? Het hele systeem is wellicht wat ingewikkeld, maar dat is adequaat aan de veelvormigheid van de vissen en hun milieu.

Én, óók niet onbelangrijk: het is in overeenstemming met het courante paradigma dat leert dat alle aanpassingen in gedrag en in vorm zowel als de onderliggende processen ontstaan door het natuurlijke samenspel van genetische variatie en selectie. De voor de hand liggende volgende stap is toetsing aan nog niet gebruikt materiaal.

Mogelijkheden genoeg. Van verreweg de meeste soorten die hier besproken zijn is de natuurlijke habitat nog niet bekend[72]. Heeft die de ruimte-tijdstructuur die door de theorie voorspeld wordt? Ook zou het voortplantingsgedrag van méér soorten bestudeerd kunnen worden om te zien of de hier voorgestelde indeling in typen standhoudt. Er zijn momenteel zo'n 100 soorten *Puntius* bekend. En als de theorie iets waard is, zal hij niet alleen voor dit genus gelden, dus materiaal genoeg. Natuurlijk wél vissen met ruwweg dezelfde levens-

---

[72]Afgezien van wat globale vindplaatsgegevens waar je niets van hebt.

wijze; want paarvorming, broedverzorging, parasitisme en dergelijke
leveren allerlei complicaties op, waarin deze theorie niet zonder meer
voorziet[73].

In afwachting van eventuele toetsingen, echter, leek het mij ook
zinvol om eens kritisch aan de theoretische kant te morrelen. Met
name kun je daarbij denken aan de aannames-vooraf, die de blik
van de onderzoeker plegen te versmallen en mogelijkheden van verklaring over het hoofd doen zien. Eén van die voorafjes is de fixatie
op *functionele* verklaringen. De specifieke kleuren en gedragingen
van een soort werden in de voorgaande hoofdstukken ieder apart
beoordeeld op hun waarde als aanpassing en daarmee (impliciet) als
resultaat van natuurlijke selectie in het verleden. Dát was de manier
waarop zoveel verschillende eigenschappen met elkaar samenhingen,
en andere mogelijke verbanden — bijvoorbeeld causale — werden
nog nauwelijks bekeken. Laten we die causale relaties nu eens tot
hoofdthema maken. Het lijkt ons een apart hoofdstuk waard. We
zijn ons bewust dat we nu onze kokervisie gaan bestrijden met het
toevoegen van een tweede koker. Nu ja, perfect om uit te leggen wat
we bedoelen.

---

[73]Maar wel aangepast kan worden.

Hoofdstuk VIII

Causale Kaarten

VIII.1 'Karakters'

In het grootste deel van dit boek hebben we ons laten leiden door een *aanname*. Die aanname was dat alle specifieke eigenschappen van een soort aanpassingen zijn; op de eerste plaats aan de sociale structuur van de baltsgroepen, en die weer aan het eigen natuurlijke milieu van elke soort. De samenhang tussen de eigenschappen is dan een *functionele* samenhang. Met andere woorden, een eigenschap is zus of zo omdat het de drager voordeel geeft in het voortplantingsgedrag. We beeldden die visie uit in de zogenaamde functionele kaarten.

In een enkel geval stelden we een *causale* relatie tussen eigenschappen vast. De meest opvallende daarvan was het geval van de agressievere en minder agressieve soorten. Tal van trekjes in het gedrag van Purperkoppen[74] kun je begrijpen door aan te nemen dat deze soort agressiever is dan Prachtbarbelen[75,76]. Evenzo bleken de verschillen in zwarte vlekken tussen deze twee soorten te herleiden tot productie van meer of minder melanine[77].

---

[74] *P. nigrofasciatus.*

[75] Zie deel 1, *pp.* 40–43 waar we samen met u voor het aquarium zaten.

[76] *P. conchonius.*

[77] Kortmulder (1972) hoofdstuk 1. Melanine is zwart pigment dat de basis vormt van de donkere markeringen op het vissenlijf.

Waarom niet hetzelfde geprobeerd met al die andere eigenschappen? Wel, als je eenmaal in die richting begint te denken, verbaast
het je dat je er niet eerder opgekomen bent[78]. Het blijkt dan ook
helemaal niet zo moeilijk om voor Purperkoppen of Sumatranen
een *karaktereigenschap* te bedenken waarvan alle specifieke eigenschappen slechts gevolgen of aspecten zijn. Aan Sumatranen is alles
hoekig en abrupt: de vormen, de zwart-witcontrasten, de bewegingen en de overgangen tussen de verschillende fasen in het gedrag[79].
Purperkoppen, daarentegen, zijn in alles rond en geleidelijk, althans
in het voortplantingsgedrag en de overgangen van en naar dagelijks
eetgedrag[80]. In analogie met het gedrag van mensen heb ik voor
die hoofd-eigenschappen de term 'karakters' of 'karakterstructuur'[81]
gebruikt. In plaats van functionele kaarten zouden we nu 'causale
kaarten' kunnen tekenen[82]. Voor *P. nigrofasciatus* en *P. tetrazona*
bijvoorbeeld zoals in figuur VIII.1 en VIII.2.

Tot zover ging het over twee soorten. Dezelfde redenering is passend voor die soorten die tot de betreffende twee gedragstypen behoren[83]. Maar wat moeten we met alle andere gedragstypen? Neem
bijvoorbeeld *P. titteya*, de Kersrode barbeel. De combinatie van
purperkopachtige eigenschappen met buitengemeen sterke territorialiteit van deze soort (en *P. oligolepis*) maakte dat hij noch in het
functionele type van de Purperkoppen paste, noch in dat van de Sumatranen. Bij de causale interpretatie is dat niet anders. Kunnen
we dan misschien voor *P. titteya* een karakterstructuur bedenken die
zíjn specifieke combinatie kan verklaren? Bijvoorbeeld 'hardnekkige
contrôle'? Daarvan zouden de territoriumhonger en de angstvallige
bewaking van de grenzen uitingen kunnen zijn; en ook de vasthou-
dendheid waarmee de mannen in baltsvlagen of dreigpartijen blijven
hangen. Wellicht heeft zelfs de zuinigheid van de vrouwen bij de ei-
afgifte ermee te maken.

---

[78]Zie voor de eerste publicaties hierover Kortmulder (1986, 1998).

[79]Bijvoorbeeld die tussen schoolvorming en voortplantingsgedrag.

[80]Zie deel 1 voor hun reacties op nabijheid van roofvissen. Overigens zijn
zelfs die niet zo springerig als die van Sumatranen.

[81]Kortmulder (1986, 1987).

[82]Kortmulder (1998) p. 109.

[83]Namelijk *P. conchonius*, *P. filamentosus* en *P. lateristriga* als *P. nigrofasciatus* respectievelijk *P. stoliczkanus* als *P. tetrazona*.

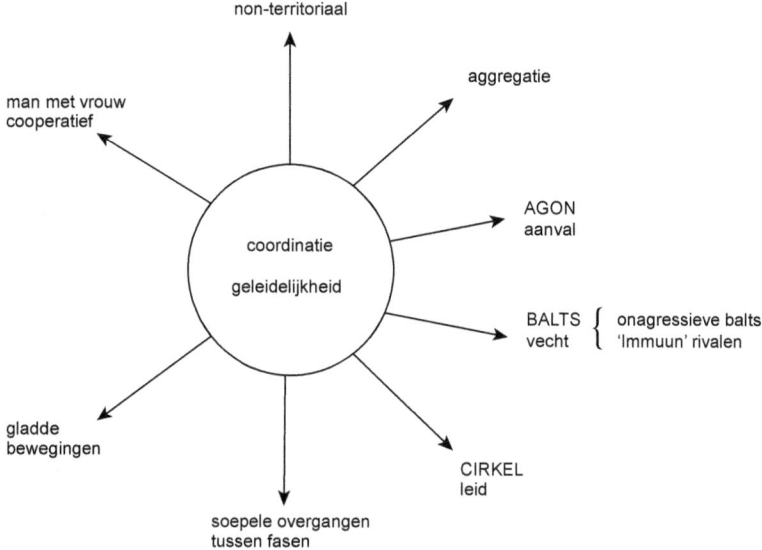

Figuur VIII.1 – De causale kaart van *P. nigrofasciatus*.

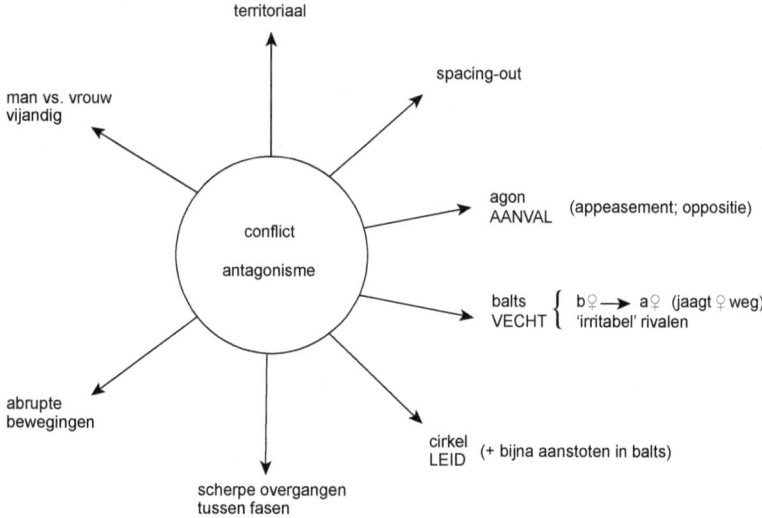

Figuur VIII.2 – De causale kaart van *P. tetrazona*.

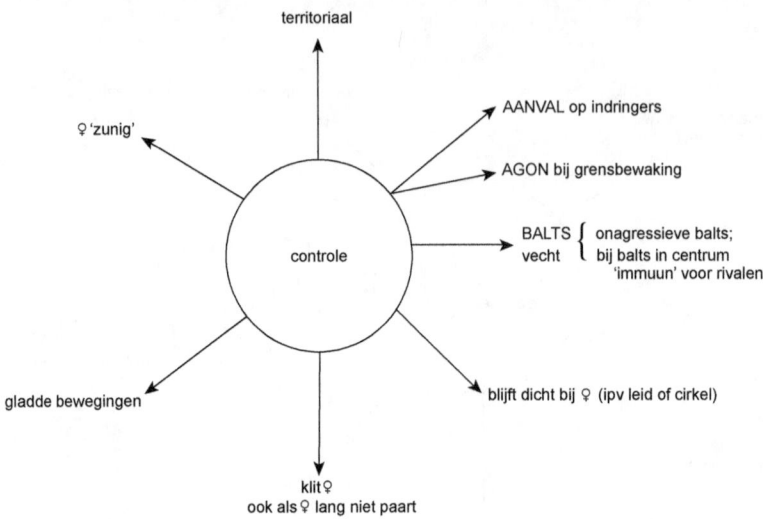

Figuur VIII.3 – De causale kaart van *P. titteya*.

In zekere zin een tegenstelling zou het *reval*-type kunnen vormen, waar 'ongeremdheid' de kern van alle gedragseigenschappen genoemd mag worden: niets dat pure aanval of vlucht moduleert; balts tegen vrouwtje gaat ook al gemakkelijk over in aanval, en omgekeerd. Het *vittatus*-type[84] levert ook geen problemen op, want deze opportunisten kunnen in hun voortplantingsgedrag alle kanten (een beetje) op. Je kunt wel zeggen dat ze *geen* specifieke karakterstructuur hebben: hun causale kaart is net zo blanco als hun functionele! De bijbehorende causale kaarten staan in figuur VIII.3 en VIII.4.

Lastiger wordt het bij de overige drie typen, want ook díe combineren Purperkop- en Sumatraneneigenschappen, maar zonder dat er iets nieuws of overkoepelends bij komt zoals bij *P. titteya* of *P. reval*. Hebben zij twee karakters in één vis? Het is mogelijk[85]. Zonder

---

[84]Naast *P. vittatus* ook *P. bimaculatus, P. gelius* en *P. dorsalis*.

[85]Bij Purperkoppen is er op hoger niveau misschien ook sprake van een tweedeling in hun karakterstructuur: het geleidelijke van hun gedrag bij de voortplanting tegenover het fellere, chaotische van hun anti-predator-gedrag.

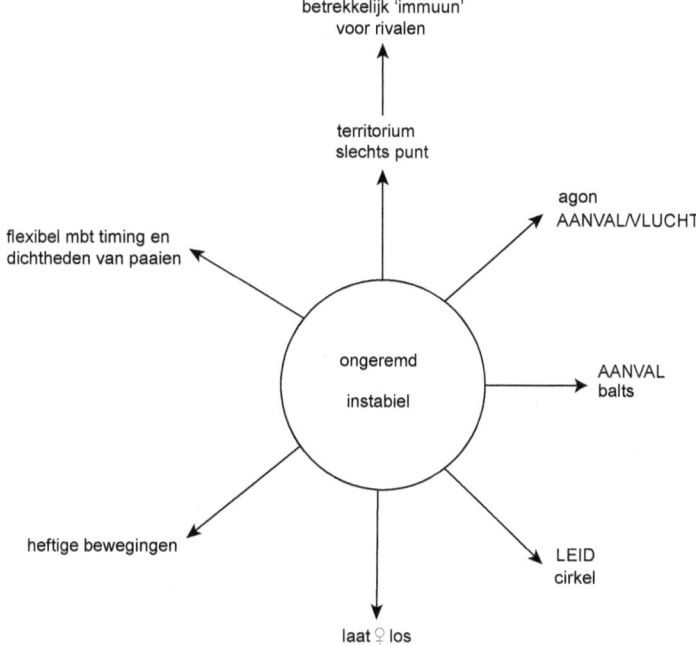

betrekkelijk 'immuun'
voor rivalen

territorium
slechts punt

agon
AANVAL/VLUCHT

flexibel mbt timing en
dichtheden van paaien

ongeremd

instabiel

AANVAL
balts

heftige bewegingen

LEID
cirkel

laat ♀ los

Figuur VIII.4 – De causale kaart van *P. reval.*

veel meer kennis van de fysiologie van het gedrag valt die vraag niet bevredigend te beantwoorden.

Als aan de gedragingen van laatstgenoemde drie typen twee karakterstructuren ten grondslag liggen, is vooral de grote variatie aan uitingsvormen van soort tot soort opvallend. In het volgende rijtje soorten lijkt, ruwweg, het relatieve belang van territorialiteit toe te nemen: *P. arulius tambraparniei, P. padamya, P. bandula, P. cumingii, P. narayani, P. ticto, P. melanampyx, P. phutunio* (tabel VIII.1).

Het type van territorium verschuift daarmee van emergent in *P. arulius* naar bezetting of 'eiland' in *P. melanampyx* en *P. phutunio*. In dezelfde volgorde blijken ze volgens gedragstype geordend te zijn. De mate van agressiviteit (heel globaal weergegeven in plusjes in de tabel) houdt er géén verband mee. Het verschil tussen de

Tabel VIII.1 – Territorium-type, gedragtype, dagritme en agressieniveau van 8 soorten Puntius (gedragstypen: arulius-, melanampyx- en phutunio-type).

soort	terrtype	gedragtype	dagritme	agress.
arulius	emergent	arulius	+	++
padamya	tolerant	arulius	+	(+)
bandula	tolerant	arulius	?	+
cumingii	?	arulius	+	+
narayani	tolerant	arulius	+	+
ticto	bezet	melanampyx	+	+
melanampyx	bezet-eiland	melanampyx	+	+++
phutunio	bezet-eiland	phutunio	♀	+

uitersten: *P. arulius* en *P. phutunio*[86] of *P. melanampyx* is enorm, met name voor wat betreft hun gedragstype en de rol van territorialiteit. Je kunt die variatie beschouwen als een reeks waarin twee karakter-structuren verschillende mengsels aangegaan zijn.

VIII.2   Dimensies

Door de soorten aldus te rangschikken in een reeks, hebben we een nieuw element aan ons verhaal toegevoegd. We hebben het niet langer (of niet meer alleen) over discrete typen, maar over een dimensie waarlangs de soorten gradueel van elkaar verschillen. Stel nu eens dat we niet begonnen waren met de quasi-qualitatief van elkaar verschillende Purperkoppen en Sumatranen, maar met de hierboven besproken reeks van soorten die eerder quantitatief van elkaar verschillen. Wat voor dimensies of meetlatten zouden we dan bedacht hebben waarlangs we de soorten konden vergelijken[87]?

---

[86]Voor de verschillende soorten van territoria zie Appendix C, *p.* 119 *ff*.

[87]Het is niet onze bedoeling het karakter-model ineens weg te gooien. Het is daarom zinvol ons hier even af te vragen waarop zo'n karakterstructuur, fysiologisch gezien, zou kunnen berusten. Mensen verschillen van elkaar in karakter of temperament. De één is opvliegend, de ander trouw aan vrienden en gezin, een derde is gierig en een vierde onderkoeld. Volgens Hippokrates van Kos, een

Laten we daartoe eens terugkeren naar wat we in deel 1 in hoofd-stuk III.14 ontdekt hebben. We namen daar afstand van de klassieke concepten als 'agressie' en 'vrees' als motivaties van het gedrag, om in plaats daarvan begrippen als '(sociale) spanning' en 'symmetrie(-breking)' in te voeren. Daarbij verwierpen we niet de realiteit van die agressie- en vluchtneiging, maar beschouwden ze voortaan als manifestaties op een lager niveau van de spanning en de symmetrie. In dit tweede deel hebben we tot nu toe voor het gemak over 'agres-sie' en 'agressief' gesproken, alsof we nooit anders gedacht hadden. Nú is echter het moment om de draad van deel 1 weer op te nemen.

Even kort recapituleren: soorten verschillen van elkaar in de mate waarin de mannen spanning opbouwen; Purperkoppen meer dan Prachtbarbelen, en Sumatranen meer dan Stoliczka's barbelen. De laatste twee soorten breken gemakkelijker symmetrie dan de eerste twee[88]. Spanning en symmetrie zijn in beginsel goed te meten. De

---

oud-Griekse dokter uit de 5de tot 4de eeuw voor onze jaartelling, werden de tem-peramenten geregeerd door de lichaamssappen: bloed, slijm, gele en zwarte gal. Was één daarvan overheersend, dan maakte dat iemand, in dezelfde volgorde snel ontvlambaar, flegmatisch, vasthoudend of melancholisch. De visie van Hip-pocrates is door de moderne wetenschap achterhaald. Toch knap dat zijn theorie het tot halverwege de 19de eeuw uithield. Tegenwoordig geloven de medici ook weer dat karakter een stoffelijk substraat in het lichaam heeft. Hormonen en neurotransmittoren spelen daarin een grote rol. Neurotransmittoren zijn 'stof-jes' die werken op synapsen, dat zijn overgangen van de ene zenuwcel naar de andere. Een impuls in een zenuwcel die bij een synaps aankomt wordt alleen aan de volgende cel doorgegeven onder invloed van zo'n neurotransmittor. Die laatste zijn zeer specifiek. Alleen een molecuul met een zeer bepaalde structuur werkt, als een veiligheidssleutel op een slot. Bovendien werken ze niet op élke synaps. Er zijn zo'n 50 verschillende neurotransmittoren bekend, en ieder wer-ken ze maar op een bepaalde groep synapsen in bepaalde circuits of banen in het zenuwstelsel. Begrijpelijk dus dat een grotere of kleinere productie van deze of gene transmittor het gedrag van iemand op bepaalde manieren kan veranderen. Het is daarom niet zo gek om achter de verschillen tussen de gedragstypen van onze barbelen de productie en werking van neurotransmittoren te zoeken. De productie van deze stoffen wordt gedeeltelijk door de genen beïnvloed en kan dus door natuurlijke selectie veranderd worden. Helaas is over de neurotransmit-toren en hun werking bij vissen veel minder bekend dan bij mensen en andere zoogdieren. We gaan nu niet proberen deze hypothese verder uit te werken.

[88]De symmetrie tussen mannen breekt als zij overgaan van een dreig-dreig relatie naar een territoriale of dominant-inferieur relatie. Eerst waren ze in alle opzichten gelijk, zowel in hun bewegingen door de beschikbare ruimte als die ten opzichte van elkaar. Worden ze territoriaal, dan zijn hun beider verplaatsingen ruimtelijk verschillend geworden; bij subordinatie veranderen de patronen van de nadering en verwijdering van de ander.

samenhang van spanning en symmetrie is als volgt: symmetriebreuk
wordt aangedreven door spanning. (Maar de spanning waarbij dat
gebeurt verschilt per soort). Door symmetriebreuk daalt de spanning[89].

We gaan nu de 21 soorten die in dit boek behandeld zijn in een
grafiek met twee assen zetten: één voor spanning en één voor symmetrie. Zie Figuur VIII.5. Op de horizontale as staat niet *spanning*
maar *potentiaal.* Dat is omdat we niet de spanning in een gevestigde groep bedoelen, want die kán al drastisch verlaagd zijn door
alle symmetriebreuken. Potentiaal is de spanning die de mannen
van een groep kúnnen opbouwen, en ook opgebouwd hebben toen
ze pas bij elkaar kwamen. (Zie verder deel 1, pp. 48–50).

Op de verticale as staat de mate van *symmetrie.* Bovenaan onge-
broken symmetrie (A) en naar beneden toe achtereenvolgens breken
van de symmetrie in de vorming van puntterritoria (T_1) en daaronder de andere vormen van territoria: bezetting (T_2) en eiland (T_3).
T_1, T_2 en T_3 beschouwen we als opeenvolgende stappen van symmetriebreuk[90]. Helemaal bovenaan in de grafiek is nog een toestand
0 aangegeven waarbij er zelfs geen aparte paaiplaatsen zijn. Dat is
nóg symmetrischer dan toestand A.

Beste lezer, je vraagt je misschien af of de vorm van de territoria
van een soort zo belangrijk is dat je de soorten ermee kunt type-
ren. Wees echter gerust; de intensiteit van andere symmetriebreuken
loopt parallel aan die van de territoriumvormen, althans in de vergelijking van een aantal soorten waarvan we voldoende gegevens
hebben[91].

Blijkbaar is het niet moeilijk alle 21 soorten een plaats te geven
in de grafiek van Figuur VIII.5. (We mogen erop wijzen dat de rela-

---

[89]Voor de lezer die hier meer informatie wil, verwijzen we naar deel 1 en
voor nog meer naar twee andere boeken: Kortmulder (1998): hoofdstuk 7 en
Kortmulder & Robbers (2005): hoofdstuk 7.

[90]Bij puntterritoria (T_1) heeft de symmetriebreking plaats op voor iedere
man slechts één punt in de ruimte. In het geval van bezettingsterritoria (T_2)
breidt die assymmetrie zich uit over de gehele beheersbare ruimte. De territoria
vormen dan samen een mozaïek. Nog een stap verder gaan de eilandterritoria
(T_3) waarbij de ruimte zélf verdeeld wordt in stukken waarin de assymmetrie
tussen de individuen geldt en een niemandsland waarin verplaatsingen neutraal
zijn.

[91]Zie Kortmulder (1998), p. 110 en Kortmulder & Robbers (2005), *pp.* 76–79.

symm. breuken ↓	0	1	2	3	potentiaal → 4
0	bimac.	vit. gelius dors.			
A			concho. filam. lateri.		nigro.
T$_1$			padamya	naray. arul. band. cum.	reval
T$_2$			stolicz. ticto	olig.	tetra.
T$_3$				phut.	titteya melan.

Figuur VIII.5 – De verschillende territoriumvormen — geïnterpreteerd als symmetriebreuken — vergeleken met de mate van opgebouwde spanning in de groep.

tieve posities van de soorten in de figuur, voor de meerderheid van de soorten, berust op stevige, quantitatieve gegevens. Alleen de onderlinge vergelijking van de verschillende horizontale reeksen is met de natte vinger gebeurd. Dat kan niet anders, omdat betreffende soorten niet met dezelfde maat gemeten kunnen worden).

Wat betekent het resultaat nu voor de de hypothese van de karakter-structuren? Als we in figuur VIII.5 de verschillende gedragstypen omcirkelen (fig VIII.6) zien we dat de soorten horizontaal bij

elkaar horen[92] (p. 85). De typen onderscheiden zich van elkaar in
de mate van symmetrie. Voor wat betreft de grote variatie in potentiaal binnen ieder type, bevestigt de figuur wat we al wisten over de
gevariëerde agressiviteit van soorten. Immers, bij grote potentiaal
leidt sterke breuk van symmetrie tot veel agressie.

Zeggen de figuren nu ook iets over de juistheid van respectievelijk de hypothese van stukjes aanpassing *versus* die van de karakterstructuren? Het feit dat de verschillende gedragstypen allemaal
van elkaar verschillen in één parameter: symmetrie, pleit ons inziens
voor de karakterhypothese. De essentie van ieder karakter is dan echter wel iets anders dan we oorspronkelijk dachten. Het bestaat nu
uit een bepaalde mate van symmetriebreking (gecombineerd met per
soort verschillende maten van spanningsopbouw). Die twee samen
bepalen dan in hoge mate de vorm van het voortplantingsgedrag
van een soort. Dit bewijs is sterk omdat zoveel verschillende eigenschappen van het gedrag door die ene factor — symmetriebreuk —
begrepen kunnen worden.

We kunnen een alternatief echter niet uitsluiten, namelijk dat het
eigenlijk de specifieke habitattypen zijn die onderling in symmetrie
verschillen en dat het toch de habitattypen zijn die die symmetrieën
in de vorm van kleine aanpassinkjes afbeelden in de soorten. Van
de parameters die we gekozen hebben om de habitats op in te delen
(hoofdstuk I) kan in ieder geval de laatste: gelijkmatig *versus* ver-

---

[92]Dat de stroken onderin de figuur schuin lopen zou toch nog enige afhanke-
lijkheid tussen de twee parameters kunnen verraden. Dat kan echter als volgt
verklaard worden. *P. titteya* staat als T_3 geregistreerd omdat 'grootgrondbezit-
tende' mannen zich tijdens intensieve balts met een willige vrouw terugtrekken
van de grensgebieden naar het centrum van hun territoor. Een dergelijke manoeuvre is ook bij *P. oligolepis* waargenomen, maar was daar minder nadrukkelijk doordat het maximale territoriumoppervlak minder extreem reikt dan bij
P. titteya. In principe is er dus weinig tegen om *P. oligolepis* ook de status T_3
toe te kennen, behalve dat het genoemde effect weinig voorkomt en minder spectaculair is dan bij *P. titteya*. Iets dergelijks zou bij *P. ticto* en *P. melanampyx*
kunnen spelen. De werkbare ruimte van een ticto-territoor is net zo klein als
die van een *P. melanampyx*-man met eilandterritorium; alleen ontbreekt bij de
eerste een merkbaar niemandsland. We hebben echter een grote *P. ticto*-groep
($7\male\male 5\female\female$) alleen gehouden in een 130×65cm ruimte, zodat we niet kunnen weten
of ze in 3×1 meter ook stroken niemandsland opengelaten hadden. Het meest
waarschijnlijk echter lijkt me dat het de ongekend felle aanvalssterkte van *P. melanampyx* is die buurmannen doet besluiten tot het houden van enige afstand,
ook al kiest hun rivaal voor een klein kern- ofwel eilandterritoor.

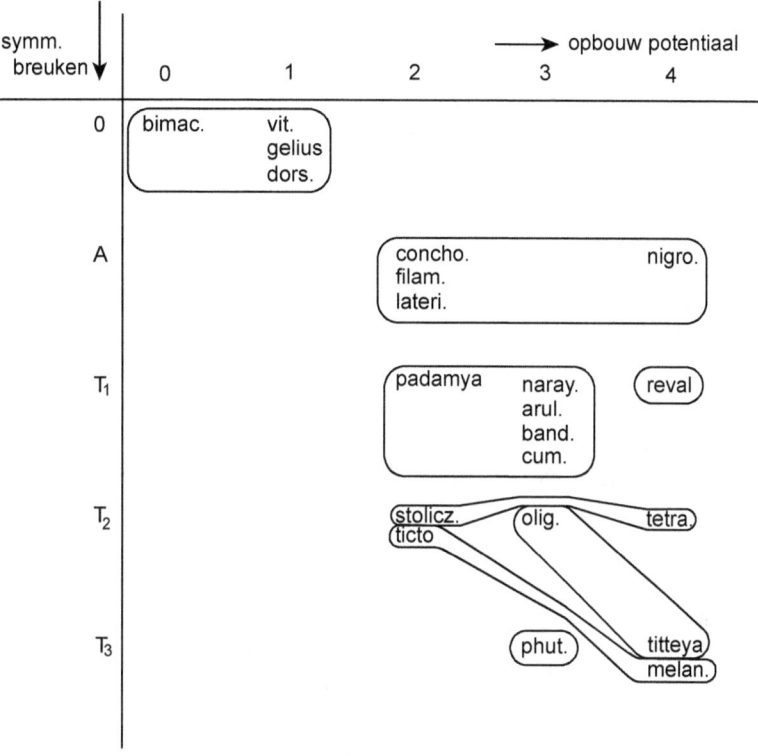

Figuur VIII.6 – De gedragstypes omcirkeld in het diagram van figuur VIII.5, waarin verschillende territoriumvormen vergeleken met andere symmetriebreuken.

brokkeld als een symmetrieverschil gezien worden, en wie weet speelt dat bij de tegenstelling jaarrond-seizoen ook een rol. Het gaat ons te ver om dat verder uit te werken. Helemaal voldoende lijkt de laatste mogelijkheid niet, maar verwerpen kunnen we hem ook niet[93].

---

[93]Hier kan ook nog erop gewezen worden dat de hypothese van aanpassing door natuurlijke selectie in een geval als dat van de barbelen zijn plausibiliteit onder anderen ontleent aan het grote aantal onderling onafhankelijke (kleine) aanpassingen. Naarmate er meer van deze kleine eigenschappen onderling *causaal* verbonden blijken, wordt de argumentatie voor de theorie van aanpassing door natuurlijke selectie zwakker (Kortmulder, 1986).

In het geval dat de evolutie van verschillende soorten beperkt wordt door karakterstructuur hebben we te maken met een mooi geval van een 'constraint' voor de natuurlijke selectie: het organisme verzet zich tegen evolutie in allerlei richtingen behalve die van symmetriebreuk (of -herstel); in díe richting geeft het echter relatief makkelijk mee. Hetzelfde zou dan gelden voor de parameter van het opvoeren van spanning: de potentiaal. Meestal treden 'constraints' in de wetenschap op als beperking van het proces van evolutie. Hier hebben we juist gekeken naar 'wat er in die naamloze constraint zit', een wel zo interessante vraag.

In het andere geval, als de symmetrie in het milieu zit, hebben we een mooi voorbeeld van hoe het milieu zich, middels natuurlijke selectie, afbeeldt in de organismen die het herbergt. Natuurlijke selectie is geen tovenaar die uit het niets een rijkdom aan vormen schept. Zij is slechts de weg waarlangs de complexiteit van de omgevende natuur afgebeeld raakt in de complexiteit van organismen. Binnen de grenzen waarbinnen het organisme zich kán aanpassen; dat wel.

Zo eindigde dit onderzoek waar ieder onderzoek eindigt: na het nemen van enkele nieuwe stappen blijven er vragen over omtrent hoe het verder in elkaar zit.

Al die geleerdheid zou ons bijna doen vergeten dat het niet alleen om de wetenschap was dat een van ons zich zo lang en intensief heeft beziggehouden met barbelen. Niet-wetenschappelijke motieven als schoonheid, variatie en fascinatie hebben een grote rol gespeeld. Het was eigenlijk vooral omdat het zulke heerlijke beesten zijn, met die betrekkelijke ongecompliceerdheid van hun gedrag — geen broedzorg, geen nestbouw, geen partnertrouw — en binnen die beperkingen de ongelofelijke rijkdom van hun kleuren, vormen en expressie van emoties.

Appendix A

Paaiperioden

A.1 Inleiding

Verreweg de meeste organismen hebben een soort interne klok, die
ritmes in fysiologie en gedrag reguleert. Deze klok wordt gesynchroniseerd aan ritmes in de omgeving. Het bekendste voorbeeld zijn
dag-nachtritmes. Het is namelijk voor heel veel planten en dieren
handig zich te richten naar dag en nacht. Toch zijn er ook andere
ritmes te vinden in de natuur. Denk aan de seizoenen, de stand
van de maan of de getijden. Ook onze barbelen zijn onderhevig aan
ritmes in gedrag. Paringen vinden bijvoorbeeld — voor zover we
weten, althans — uitsluitend overdag plaats en niet middenin de
nacht. Maar daarmee hebben we niet alle variatie tussen soorten
te pakken. Sommige barbelensoorten paaien bijvoorbeeld vooral 's
ochtends, anderen doen het op variërende dagdelen en weer anderen
wachten liever tot theetijd.

Voor dit soort verschillen is de cyclus van dag en nacht alléén onvoldoende verklaring. In de praktijk merken we dat dieren zich ook
kunnen richten naar allerlei andere ritmes in hun omgeving. Het
kan dan bijvoorbeeld gaan om ritmes in de activiteit van voedselorganismen, roofdieren of soortgenoten; of zulke dingen als regenval,
fluctuaties in waterhoogte, vertroebeling of temperatuur. Bij de barbelen telt bijvoorbeeld de afstand tussen leefgebied en paaiplaats.

87

Om te achterhalen hoe het paringsgedrag van diverse barbelensoorten over de dag verdeeld is, zijn nauwkeurige waarnemingen
gedaan aan groepen van mannen en vrouwen (Appendix G). Deze
werden als groep ingezet in een aquarium, en gedurende een of meer
opeenvolgende dagen (een serie) waargenomen. In de natuur hebben
barbelen licht van ongeveer zes uur 's ochtends tot ongeveer zes uur
's avonds. In het laboratorium handhaafden we, ten behoeve van
het comfort van de onderzoekers, een dag van acht uur 's ochtends
tot tien uur 's avonds. In de aquariumzaal gingen 's ochtends om
acht uur eerst een paar lampen hoog in de hoeken aan; om kwart
over volgde de bakverlichting en om half negen de zaalverlichting.
Op deze manier ervaren de dieren een schemering die veel paniek
voorkwam. Om tien uur 's avonds ging het zaallicht weer uit, een
kwartier later de bakverlichting en om half elf de hoekverlichting.
Gedurende de lichtperiode werden de dieren waargenomen, zoveel
mogelijk over de hele periode, al lukte dat bij een aantal soorten
niet (zie onder). Daarbij werd bijgehouden welk percentage van de
dieren op welk moment van de dag nog niet hadden gepaaid, aan
het paaien waren, of er al klaar mee waren. Om uit deze gegevens
de noodzakelijke ritmes te filteren is nog niet zo eenvoudig. Voor de
hand liggende statistische technieken om ritmes op te sporen — au-
tocorrelaties, periodogrammen, Fourier-analyses en ga zo maar door
— vinden ogenblikkelijk een prachtig ritme van 24 uur omdat er 's
nachts niet gepaaid wordt, voorzover we kunnen waarnemen tenminste, en overdag wel. En daarmee is voor dergelijke technieken de
kous af. Een voor de hand liggende oplossing is dan om de nachten
"eruit te knippen": men plakt dan gewoon het eerste uur na het aangaan van het licht meteen achter het laatste uur voor het uitgaan
van het licht de vorige dag. In dat geval vindt men met statistische
analyse echter ogenblikkelijk de discontinuïteit op de plek waar de
nacht verwijderd is, en verder niets. Wij willen graag meer weten.
Daarom hebben we gekozen voor een niet-lineaire regressie-analyse,
te weten de LOESS-methode. Deze techniek combineert de eenvoud
van een klassieke lineaire regressie waarbij de best passende rechte
lijn door een puntenwolk wordt bepaald met de flexibiliteit van de
niet-lineaire regressie, waarbij de best passende gebogen lijn door de
puntenwolk wordt bepaald.

LOESS — de naam is afgeleid van het Engelse LOcal regrESSion — heeft nog een aantal andere eigenschappen waardoor deze methode zeer geschikt is om te achterhalen wat wij willen weten, namelijk welke patronen er te vinden zijn in de verdeling van het paaigedrag over de dag bij de verschillende soorten. De meeste statistische technieken stellen eisen - soms zeer hoge eisen — aan de aard van de verzamelde data, of veronderstellen dat bepaalde mechanismen ten grondslag liggen aan de meetgegevens. Zo die mechanismen er al zijn, kennen we ze echter niet bij het paringsgedrag van de barbelen. Het is zelfs heel goed mogelijk dat bij de ene soort hele andere mechanismen een rol spelen dan bij de andere. LOESS doet geen enkele veronderstelling aan die onderliggende mechanismen. De data worden verdeeld in segmenten, en in die segmenten wordt een zo goed mogelijk passende curve bepaald, en er wordt gezorgd dat die curve ook van het ene naar het andere segment op een nette manier doorloopt. Op deze manier zijn best passende curves door puntenwolken te vinden zonder ook maar enige vooronderstelling over de aard van het bestudeerde proces. Bovendien levert LOESS mooie plaatjes op, waaraan we heel veel kunnen zien. Dat lukt al bij één serie waarnemingen. Heb je meerdere series waarnemingen aan dezelfde soort, dan kan in die plaatjes zelfs, behalve de best passende curve, een zogeheten betrouwbaarheidsinterval worden weergegeven: een gebied waarin de optimale curve met 95% kans moet liggen. Hoe meer series waarnemingen er zijn, en hoe meer de verschillende series op elkaar lijken, hoe smaller dat gebied wordt.

Kort samengevat is deze LOESS-methode dus zeer gemakkelijk uitvoerbaar op een brede klasse aan meetgegevens en veronderstelt geen voorkennis over de achterliggende processen. De techniek kan zelfs overweg met discontinuïteiten en plotselinge richtingsverande-ringen in de meetgegevens. Een nadeel is dat er vrij veel meetgege-vens moeten zijn, dat er geen expliciete wiskundige formule uitkomt voor de bestudeerde gegevens, en dat het behoorlijk rekenintensief is. Welnu, voldoende meetgegevens hebben we, een expliciete wiskun-dige formule kunnen we buiten, en de computers zijn tegenwoordig krachtig genoeg om toch redelijk snel het noodzakelijke rekenwerk te kunnen verrichten. Toen LOESS werd uitgevonden in 1979 was dat nog een groot probleem, en zelfs toen de techniek in 1988 verbeterd

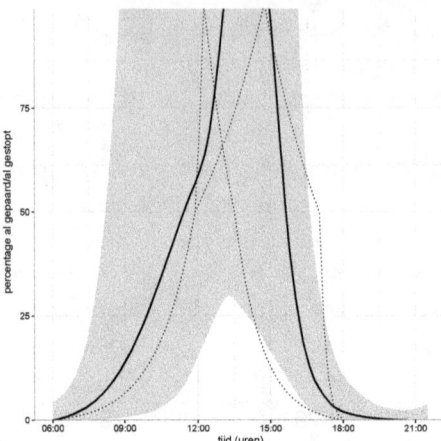

Figuur A.1 – De paringsactiviteit van *P. arulius* verdeeld over de dag. Voor toelichting zie tekst.

werd hadden maar weinigen toegang tot de noodzakelijke computer-faciliteiten, maar tegenwoordig volstaat een niet al te belabberde schootcomputer uitstekend.

A.2 Resultaten

De ruwe gegevens waar we mee werken staan in tabel A.1. Per soort maken we dan een LOESS-plaatje waarin de best passende curve is getekend met een doorgetrokken lijn (figuren A.1 t/m A.11). Wanneer we meerdere series waarnemingen per soort hebben, dan is het mogelijk rond de best passende curve het bovengenoemde 95%-betrouwbaarheidsinterval te berekenen. De stippellijnen geven van individuele series waarnemingen aan wat het percentage van de dieren aan dat al begonnen is met paren (voor de top) cq. al klaar met paren (na de top). De doorgetrokken lijn geeft het gemiddelde aan voor alle series. Het grijze gebied is het 95%-betrouwbaarheids-interval rond de doorgetrokken lijn. Zie figuur A.1 t/m A.11.

Van *P. lateristriga* en *P. vittatus* hebben we maar één serie. Daar-over kunnen we dus slechts zeggen dat deze soorten beiden in dat

Tabel A.1 – Paringsscores nader bekeken. De duur en timing van de perioden waarin gepaaid wordt weergegeven in tabelvorm. gem. = gemiddelde; max. kans = het maximale percentage vrouwtjes dat gelijktijdig paait; om = de tijd waarop het maximale percentage vrouwtjes gelijktijdig paait; min. = minuten; sd = standaarddeviatie. Voor de volledige soortnamen (kolom 1) zie appendix E op p 155.

	duur (gem.) in min.	max. kans (%)	om	n	sd	diagnose ritme	timing	duur
bimac	91.4	80.8	09.00	26[1]	48.5	+	z. vroeg	kort?
	38.1	100.0	08.15	16	?			
arul	>106	83.3	15.00 – 15.15	17	?	+	z. laat	normaal
	>130	100.0	12.00 – 12.30	3	?			
titt	142.6	56.3	14.00 – 14.30	11	41.1	–	–	normaal
	134.4	75.0	17.00+	10	61.3			
	181.3	57.1	14.30 – 16.00	4	95.1			
	of 128.3			3	29.4			
	155.5	47.6	17.30+	11	69.4			
olig <12u	123.5	27.0	13.00 – 14.00	24	112.4	–	–	normaal
>12u	85.2	42.0	09.30	33[2]	45.8			
<12u	184.2	47.0	09.00	9	104.6			
>12u	157.0	33.0	10.00 – 10.30	2	20.0			
tetra	134.2	33.3	11.30 – 13.30	13	104.1	–	–	normaal
vitt	86.4	59.0	08.45 – 09.00	21	46.5	+	z.vroeg	kort
naray	>2 uur	55.6	09.30	?	?	+	middel	normaal
	(53-219")	100.0	09.30	?	?			
	±2 uur[3]	100.0	11.00	?	?			
lateri	231.9	100.0	10.00 – 10.30	18	24.6	+	vroeg	lang! (4u)
filam	101.4	61.0	10.30 – 11.00	17	61.7	+	middel	normaal
	112.9	58.0	10.30 – 11.00	11	32.1			
reval	1 à 2 uur[4]	wschl. laag	vrij laat	?	?	–	–	normaal
melan	170.3	78.3	14.00	23	62.0	+	laat	lang (3u)
	172.2	87.0	11.30	23	49.3			
	171.0	85.2	13.30	27	58.4			
	150.6	77.4	13.00	31[5]	60.9			
ticto	156.5[6]	±82	11.00	16	68.5	+	middel	normaal
	121.1	87.5	10.00 – 10.30	7	21.5			
	117.1	73.3	10.00	14	24.4			
	90.2	90.0	10.00	13	39.1			
	101.7	–	–	9	52.2			
nigro	1 à 2 uur?	hoog	± 10.00 – 11.00	13[7]	?	+	middel	normaal

[1] 3 meterbak niet meegeteld, omdat daar al balts geconstateerd werd voor de verlichting aanging (< 8u).
[2] Alle series meegenomen; periodes gesplitst volgens begin vóór of ná 12.00 uur.
[3] 6♂♂6♀♀ serie (geen aantekening gehouden).
[4] Plausibele schatting.
[5] 6♂♂6♀♀ serie.
[6] Gereconstrueerd uit de grafieken.
[7] 4♀♀ uit de 7♂♂5♀♀ serie samengenomen.

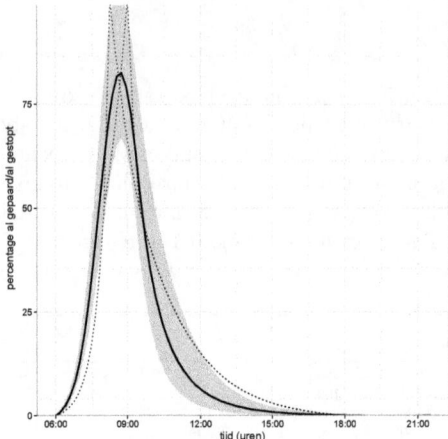

Figuur A.2 – De paringsactiviteit van *P. bimaculatus* verdeeld over de dag. Voor toelichting zie tekst.

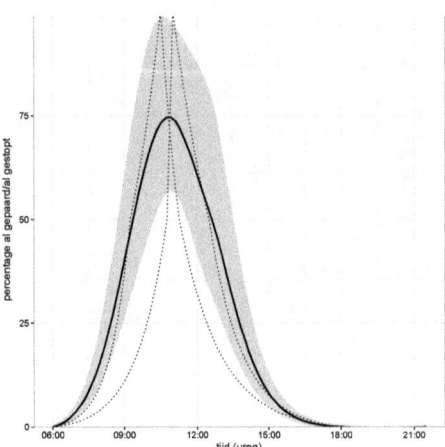

Figuur A.3 – De paringsactiviteit van *P. filamentosus* verdeeld over de dag. Voor toelichting zie tekst.

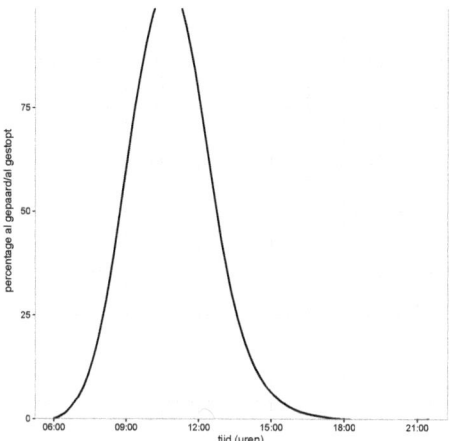

Figuur A.4 – De paringsactiviteit van *P. lateristriga* verdeeld over de dag. Er is van deze soort maar één serie waarnemingen gedaan. Een gemiddelde en betrouwbaarheidsinterval ontbreken derhalve.

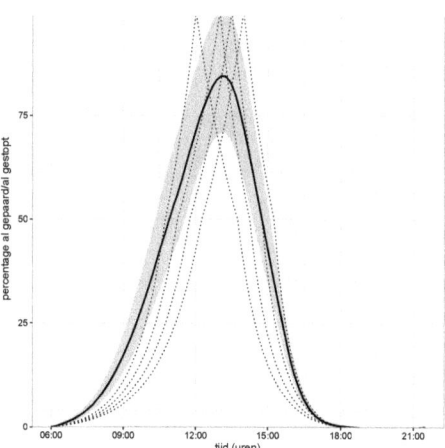

Figuur A.5 – De paringsactiviteit van *P. melanampyx* verdeeld over de dag. Voor toelichting zie tekst.

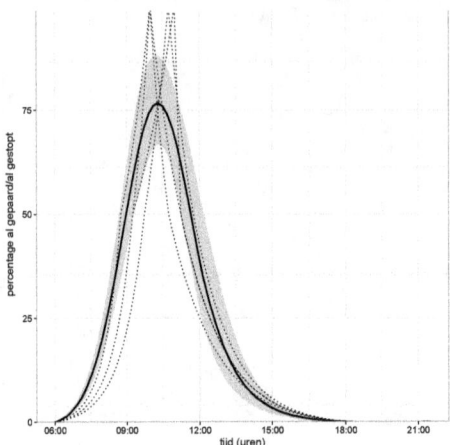

Figuur A.6 – De paringsactiviteit van *P. narayani* verdeeld over de
dag. Voor toelichting zie tekst.

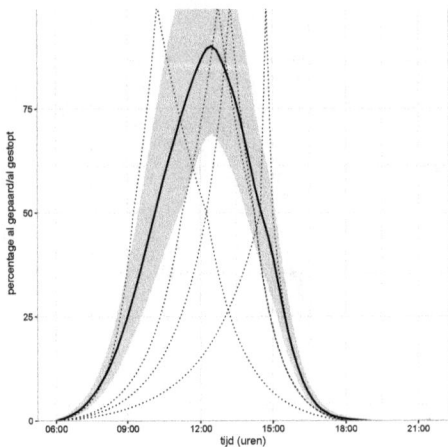

Figuur A.7 – De paringsactiviteit van *P. oligolepis* verdeeld over
de dag. Voor toelichting zie tekst.

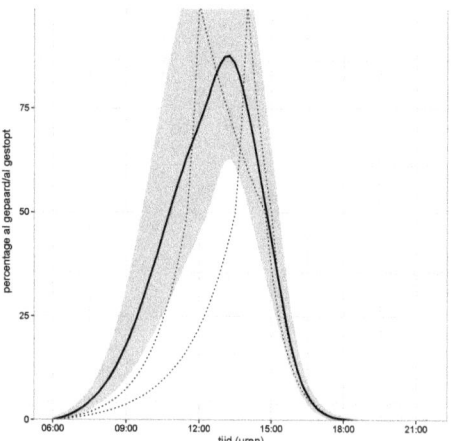

Figuur A.8 – De paringsactiviteit van *P. tetrazona* verdeeld over de dag. Voor toelichting zie tekst.

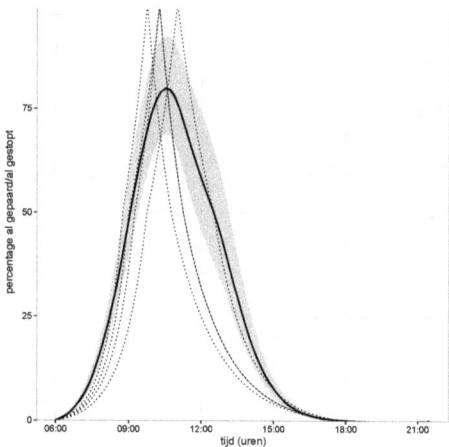

Figuur A.9 – De paringsactiviteit van *P. ticto* verdeeld over de dag. Voor toelichting zie tekst.

Paaiperioden

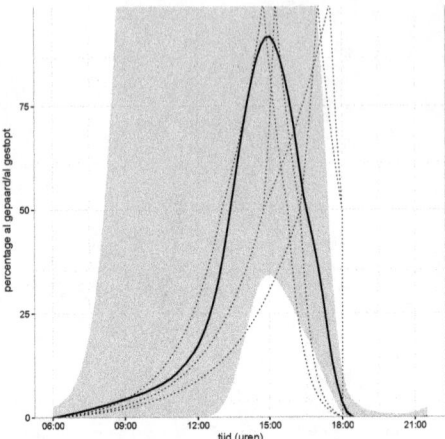

Figuur A.10 – De paringsactiviteit van *P. titteya* verdeeld over de dag. Voor toelichting zie tekst.

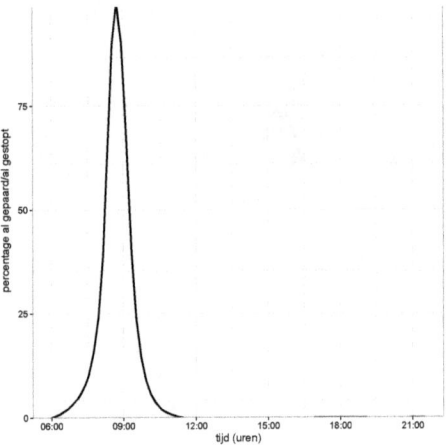

Figuur A.11 – De paringsactiviteit van *P. vittatus* verdeeld over de dag. Er is van deze soort maar één serie waarnemingen gedaan. Een gemiddelde en betrouwbaarheidsinterval ontbreken derhalve.

ene geval een duidelijke voorkeur voor de ochtend toonden. Daarbij piekte *P. lateristriga* laat in de ochtend, zo rond 11 uur, en *P. vittatus* veel vroeger, om ongeveer half negen.

Over de andere soorten valt wat meer te zeggen, omdat we daarvan wel meerdere series waarnemingen hebben. Bij deze soorten is ofwel het aantal series klein, met wat verschillen tussen de series, of het aantal series is weliswaar groter, maar de spreiding tussen de series waarnemingen ook behoorlijk groot. Bij *P. arulius* is het verschil tussen de twee series waarnemingen zo groot, dat het erop lijkt dat hier geen sprake kan zijn van een duidelijk dagritme. Dat kunnen we echter niet met zekerheid zeggen, aangezien er tussen de twee series een belangrijk verschil was in de condities voor het paaien. Na de eerste serie, waarin de piek tussen 15.00 en 16.00 uur lag, werd aan de overigens schaars gemeubileerde bak een plant toegevoegd die ook in andere opstellingen een focus voor het paaigedrag van deze soort bleek te zijn. Mét die plant verschoof de paaipiek naar net na 12.00 uur. Als we veronderstellen dat het paaien in de kalere situatie gefrustreerd werd, zou de vroege middag voor *P. arulius* de meeste kans op paaien geven. Hoe dan ook lijkt waarschijnlijk dat er bij deze soort vóór de middag van paaien niets of nauwelijks iets terecht komt. Bij *P. tetrazona* is de spreiding een stukje kleiner, en lijkt een voorkeur voor de middag — ruwweg van 12 tot 16 uur — de ideale paaitijd. Hierbij valt aan te tekenen dat in deze series geen avondwaarnemingen verricht werden én dat in vergelijkbare series van deze soort ook 's avonds paaiperiodes werden geconstateerd. Middag-en-avond lijkt dus een goede karakterisering voor *P. tetrazona*. Bij *P. filamentosus* is de spreiding nog iets kleiner, en lijkt een voorkeur voor de late ochtend aanwezig — het leeuwendeel van de paringen vindt plaats voor 12 uur. Het is zelfs niet uitgesloten dat de piek nog eerder op de dag zou moeten liggen, want deze proef is pas in de ochtend ingezet, in plaats van — zoals te doen gebruikelijk, de middag ervoor.

Bij *P. titteya* zien we twee waarnemingenseries met een duidelijke smalle piek rond drie uur 's middags, en twee series met een klein aantal paringen 's ochtends heel vroeg en daarna nauwelijks meer. De grafiek heeft daardoor een piek halverwege de middag, met een relatief enorm grijs gebied naar links, in de ochtend. Dat wijst eerder op een gelegenheidspaaier dan op een vis met een duidelijk dagritme. De conclusie moet hier luiden dat het tijdstip van de dag onbelangrijk is voor deze soort. Als alternatief zou het kunnen dat sommige *P. titteya* pas in de avond gaan paaien (als er in deze proeven geen waarnemer meer was) en het eenmaal begonnene in de ochtend nog even voltooien. Maar dán wordt er dus 's avonds gepaard, óf in de ochtend óf beide. Ook bij *P. oligolepis* zien we in elke serie een duidelijke, smalle piek, maar juist een behoorlijk verschil in het moment van de dag dat die piek valt. Ook hier is duidelijk dat niet het dagritme maar een andere factor bepalend is voor het tijdstip van paaien.

Een andere manier is om te kijken hoe de kansen om een willig vrouwtje aan te treffen over de dag verdeeld zijn. Dan valt op dat bij sommige soorten de kans dat je een paaiend vrouwtje aantreft sterk geconcentreerd is op een bepaalde tijd van de dag (> 80% op die ene tijd). Het betreft hier *P. bimaculatus*, *P. narayani*, *P. lateristriga*, *P. melanampyx*, *P. ticto* en *P. nigrofasciatus*. Bij de andere soorten is dit beduidend minder, en er zijn zelfs soorten er zijn zelfs soorten waar de kans op willige vrouwtjes op geen enkele tijd boven de 50% uitkomt. Het betreft hier *P. oligolepis*, *P. tetrazona* en *P. cumingii*. En *P. titteya* haalt de 50% soms wel en soms niet. Deze laatste vier soorten zijn juist degenen die door Loess werden aangewezen als dieren zonder paai-dagritme. Dat is ook niet onlogisch: als er geen duidelijk dagritme in het paaigedrag zit, dan zullen de vrouwtjes meer verspreid over de dag paaien, en dus zal een lager percentage van hen gelijktijdig actief zijn. Zie de kolom "max. kans" in tabel A.1 en de grafieken in figuur A.1 – A.11.

Tot zover samenvattend kunnen we stellen dat *P. tetrazona*, *P. titteya* en *P. oligolepis*, met hun paaiactiviteiten in twee dagdelen, geen duidelijk dagritme vertonen.

De status van *P. arulius* blijft vooralsnog onzeker, behalve dan dat hij 's morgens meestal nog niet paait.

Dan zijn er nog vier soorten over waarbij een groter aantal series waarnemingen zo weinig van elkaar verschillen, dat er duidelijk een dagdeel aangewezen kan worden waarin het gros van de paringen plaats heeft. Dat is voor *P. bimaculatus* de vroege ochtend, rond een uur of 9, voor *P. ticto* meest tussen 10 en 12 uur, voor *P. narayani* later in de ochtend, tussen 11 en 12 uur en voor *P. melanampyx* de vroege middag, ongeveer tussen 12 en 14 uur.

Tenslotte dient nog opgemerkt te worden dat de series van *P. arulius, P. ticto, P. titteya, P. tetrazona, P. filamentosus, P. lateristriga* en mogelijk ook *P. narayani* niet 's avonds zijn waargenomen. We kunnen daardoor niet geheel uitsluiten dat daardoor late paaiactiviteit gemist is. Bij de duidelijk ritmische soorten *P. ticto. P. narayani,* en *P. lateristriga* achten we dat echter onwaarschijnlijk. Dat geldt ook voor *P. filamentosus* op grond van de ervaringen van de eerste auteur, die talloze malen op alle denkbare tijden in de aquariumzaal aanwezig was. Bij *P. tetrazona* is uit andere proeven inderdaad bekend dat die soort 's avonds een tweede paaipiek vertoont.

Tabel A.2 – Paaitypen. (?) geeft aan dat van die soort maar één serie beschikbaar was, zodat er geen betrouwbaarheidsinterval berekend kon worden; ? betekent: niet zeker.

soort	paaitype
P. filamentosus	ochtend
P. ticto	ochtend
P. bimaculatus	ochtend
P. narayani	ochtend
P. vittatus	ochtend(?)
P. lateristriga	ochtend(?)
P. melanampyx	middag
P. arulius	middag?
P. tetrazona	gelegenheid
P. titteya	gelegenheid
P. oligolepis	gelegenheid

Het geheel samenvattend (Tabel A.2) zien we dat er soorten zijn zonder duidelijk dagritme, zogenaamde gelegenheidspaaiers (*P. oligolepis, P. titteya* en *P. tetrazona*), en dezulken met een duidelijke voorkeurstijd. Daarbinnen hebben we dan de ochtendpaaiers (*P. bimaculatus, P. ticto, P. narayani, P. filamentosus* en mogelijk ook

P. vittatus en *P. lateristriga)*, en de middagpaaier *P. melanampyx*
(en wellicht *P. arulius*). Op grond van niet-gequantificeerde waarnemingen van *P. nigrofasciatus* en *P. reval* (Kortmulder, 1972) behoort de eerstgenoemde zeker bij de late ochtendpaaiers en *P. reval*
waarschijnlijk bij de gelegenheidspaaiers (zie tabel A.1).

Appendix B

De 2♂♂2♀♀-groepen: wat leren ons de cijfers?

B.1 Inleiding

In dit hoofdstuk presenteren we de gemeten resultaten van de twee-mannen-twee-vrouwen groepen (2♂♂2♀♀) in tabelvorm. We leiden de lezer rond in die tabellen en onderzoeken hoeveel gedragstypen er nodig zijn om de 15 soorten waarover we veel gegevens hebben in te delen. In hoofdstuk III van de hoofdtekst bespreken we de kleine en de grotere groepen (3♂♂3♀♀ en 6♂♂6♀♀) samen. Hier echter bewaren we de resultaten van de grotere voor straks (Appendix C).

B.2 Resultaten

Laten we eerst de tabellen uitleggen: de verschillende parameters die gemeten zijn staan naast elkaar bovenaan iedere deeltabel. De betekenis van de afkortingen volgt hieronder, in tabel B.1. Voor de juiste interpretatie moge duidelijk zijn dat 1 kwartier = 900 seconden.

Tabellen B.2 en B.3 beschrijven de relatie tussen de dominante man en de vrouwtjes.

Tabellen B.4 en B.5 beschrijven de relatie tussen de twee mannen in termen van baltskansen en agressief gedrag onderling:

Tabel B.1 – In deze tabel staat de gebruikte notatie voor de overige tabellen in deze Appendix toegelicht.

Uitleg bij tabel B.2	
kolom 1	afkortingen van de soortsnamen (zie het overzicht in Appendix E voor de volledige namen);
titt$_c$	gegevens uit één 2♂♂ 2♀♀-groep;
titt$_H$	gegevens uit één van de 3♂♂ 3♀♀-groepen (Appendix G voor alle gebruikte groepen). Omdat titt$_H$ geen 2♂♂ 2♀♀-groep is, zijn de parameters die de relatie tussen 2 mannen betreffen niet van toepassing (nvt, tabellen B.4 en B.5), evenals het schuilen van de vrouwtjes en de stabiliteit van de groep als geheel (tabel B.3).
”	seconden.
"a♀ bij b	aantal seconden aanval door dominante man op bebaltste vrouw; $\leq$ = hoogste gevonden waarde is weergegeven; $<$ = alle kleiner dan; $x \to< y$ = één uitschieter x, gevolgd door lager dan y; de "b tussen haakjes geeft aan bij hoeveel balts de gegeven waarde plaats had. In enkele gevallen zijn slechts 1 of 2 waarnemingen beschikbaar ("a♀ bij b voor stolicz, tetra en reval).
vorm	de vorm van de grafiek van "a♀ tegen aantal seconden balts ("b) tegen zelfde vrouw. Deze grafieken worden hier niet getoond. Ze zijn voor een deel te vinden in Kortmulder (1972, 1986) en verder in de ongepubliceerde verslagen van studenten (tabel F). Een schematisch voorbeeld van zo'n grafiek staat in figuur B.1.
"a♀ weinig b	seconden aanval door dominante man bij weinig of geen balts; verder als kolom 2 ("a♀ bij b).
"b max	maximale gevonden baltsduur van dominante man tegen één vrouw. $<$ = bijna; $>$ = ruim.

Uitleg bij B.3	

$\times$	aantal keer.
$\times b \to a$	aantal keer dat de dominante man direct uit balts de bebaltste vrouw aanvalt. De notering in deze kolom is gelijk aan die van tabel B.2, tweede kolom: "a♀ bij balts.
vorm	de vorm van de grafiek van $\times$ b $\to$ a tegen aantal seconden balts tegen zelfde vrouw. Deze grafieken worden hier niet getoond. Ze zijn voor een deel te vinden in Kortmulder (1972) en verder in de ongepubliceerde verslagen van studenten (Appendix F).
	De volgende kolommen gaan over de relaties tussen de vier dieren:
♀♀ *schuilen*	vrouwtjes kruipen weg door de agressie van dominante man ($+$) of zwemmen vrij rond ($-$);
♂ *inf schuilen*	idem wegkruipen door inferieure man.
groep stabiel	groep kan zonder schade meerdere dagen bijeen blijven. Over het algemeen zijn dergelijke gemengde groepen aanzienlijk stabieler dan pure mannengroepen, maar bij enkele, relatief agressieve soorten zoals *P. tetrazona* en *P. reval* moet men 2♂♂2♀♀-groepen toch vaak opheffen en terugzetten in de voorraadbak om beschadigingen van de vissen te voorkomen.

Uitleg bij tabel B.4

♂ d	dominante man
♂ i	inferieure man.
♂ $d \to i$	dominante man tegen inferieure man.
♂ $i \to d$	inferieure man tegen dominante man.
♂ i *schuilen*	het schuilgedrag door de inferieure man staat in kolom 5 van tabel B.3.

max"a	maximale gevonden totale aanvalsduur door man tegen andere man in seconden (kolommen 2 en 5 van tabel B.4); → = gevolgd door lagere waarden als aangegeven. Als er maar één getal staat, betreft het geen uitschieter; de lagere waarden zijn dan min of meer regelmatig verdeeld.
max"b	maximale gevonden totale baltsduur door man tegen één vrouw in seconden; < = bijna; > = ruim; → = gevolgd door lagere waarden als aangegeven. Als er maar één getal staat, betreft het geen uitschieter. De scores van zowel de dominante als de inferieure man staan in respectievelijk kolommen 3 en 4 van tabel B.4.
♂i terr	inferieure man heeft eigen territorium.

Uitleg bij tabel B.5

max"a	maximale gevonden totale aanvalsduur door man tegen andere man in seconden (kolommen 2 en 7 van tabel B.5); → = gevolgd door lagere waarden als aangegeven; verder als tabel B.4
max"ve	maximale gevonden totale duur van 'vechten' tegen andere man (= dreigen, inclusief duelleren, afhouden, worstelen om elkaar af te houden en dergelijke) in seconden (kolommen 3 en 6 van tabel B.5); → = als boven; verder als tabel A B.4.
max"a+ve	maximale gevonden totale duur van aanval + vechten tegen andere man in seconden; (aanvalstijd en vechttijd kunnen elkaar overlappen)(kolom 4 en 5 van tabel B.5); → = als boven; verder als tabel A B.4.

Sommige parameters in deze tabellen zijn, wegens ontbreken van de originele tabellen, teruggemeten uit de grafieken. Dit kan voldoende precies om afwijkingen te verwaarlozen. Ook afwijkingen die zijn ontstaan door het terugrekenen van sommige waarden uit procenten vallen in het niet bij de verschillen en overeenkomsten tussen soorten waar het in de komende secties over gaat.

We hebben op deze tabellen geen statistiek losgelaten. Het zou weinig zin hebben, omdat veelal alleen maximale waarden genoemd worden. Bovendien zijn de waarnemingsperioden niet volgens toeval gekozen. Integendeel, ze werden verzameld met het doel zoveel mogelijk verschillende toestanden van de groep vast te leggen. Bijvoorbeeld: hoge baltsactiviteit met één én met twee vrouwen willig, weinig balts, veel dominant gedrag van man-1 én juist weinig of dreig-dreigsituaties, enzovoort. De gegevens vormen dus een volledig overzicht van wat er in de groep kán gebeuren, en geen afbeelding van de gemiddelde activiteit in de loop van de tijd.

B.3   Discussie van de resultaten

Gedragstype 1

Puntius nigrofasciatus, *P. conchonius*, *P. filamentosus* en *P. lateristriga*, de eerste vier soorten in de tabel, hebben we eerder leren kennen als de non-territoriale, in groepen aggregerende baltsers (deel 1). Die eigenschappen zullen we bevestigd zien in het volgende hoofdstuk van de Appendix, waarin we de grotere groepen in grotere aquaria zullen bespreken. Hier zullen we ze aanduiden als: het *nigrofasciatus*-type[94]. In tabel B.2 kun je zien dat de dominante man bij deze soorten per kwartier heel wat baltsseconden vol kan maken: bijna 600 bij *P. nigrofasciatus* en *P. conchonius*, meer dan 700 resp. 800 bij *P. filamentosus* en *P. lateristriga*. De hoeveelheid agressie in dezelfde 15 minuten door datzelfde mannetje tegen de bebaltste vrouw contrasteert daar sterk mee: 20 seconden is voor hen al veel; en als je het uitdrukt in aantal keren dat de man al baltsend direct overgaat in aanval op hetzelfde vrouwtje B.3, dan is 8x al een uitschieter. (Van *P. filamentosus* en *P. lateristriga* hebben we het aantal keer niet, maar uit andere waarnemingen weet de eerste

---

[94]Let op: de hier bedoelde groepen van soorten zijn gedragstypen en zeggen niets over verwantschap. In het *nigrofasciatus*-type bijvoorbeeld zijn alleen *P. conchonius* en *P. nigrofasciatus* nauw aan elkaar verwant; de andere twee behoren tot twee ook van elkaar afzonderlijke lijnen. (Zie tabel van verwantschappen (II.1); grijze pagina's p. 20).

Tabel B.2 – 2♂♂2♀♀-gegevens: balts- en agressie gegevens dominante man (kwartierwaarnemingen). Legenda: het teken "wordt gebruikt voor 'seconden' om ruimte te sparen in de tabel; "a = aanvallen in seconden; "b = baltsduur in seconden; neg = negatief: neer-
waartse trend bij oplopende "b; pos = idem opwaarts; opt = idem
optimum; kolom 5 ("b max): < = bijna; > = ruim; onduid. = onduidelijk; → = gevolgd door; voor verdere verklaring van tekens zie
tabel B.1.

species	"a♀ bij b	vorm	"a♀ weinig b	"b max
nigro	≤22	neg.	75 →< 40	< 600
concho	≤10 à 15	neg à vlak	≤40	587
filam	< 20	neg.	50 →≤ 30	729
lateri	→ 0	neg if any	170 →< 40	844
stolicz	50 (290"b)	neg?	≤ 125	290
tetra	165; 53 (270; 510"b)	neg if any	170 →≤ 140	510
reval	160; 165 (120; 230"b)	pos?	≤ 250	230
titt$_c$	≤ 19	neg.	≤ 110	755
titt$_H$	≤ 13	neg à vlak	≤ 25	< 400
olig	< 20 (430"b)	neg à vlak	82 →≤ 32	625
vitt	20 (±60"b) →≤ 6	neg.	≤ 12	440
bimac	±niet?	?	?	?
ticto	80 (> 600"b) →≤ 20	onduid. meest laag	≤ 90	> 600 →< 300
naray	≤ 15 (> 200"b) ≤ 40 (< 200"b)	opt. (±100"b)	≤ 40	< 500
arul	bijna 100 → 60 → 60 →< 25	onduid. tot vrij hoog	< 80	382
melan	≤ 55	opt? (±300"b) bij 6 à 700"b laag	< 30	< 700

Tabel B.3 – 2♂♂2♀♀-gegevens: balts- en agressiegegevens dominante man; toestand groep (kwartierwaarnemingen). Legenda: b →
a = directe overgang van balts in aanval op zelfde vrouw; × = aantal
keer; neg = negatief; pos = positief; opt = optimum; → = gevolgd
door lagere waarden; nvt = niet van toepassing; +bst = baltsstoten geteld als aanval; * geen 2♂♂2♀♀-groepen beschikbaar; gemakk.
overgang = gemakkelijke overgang (als andere vrouw en man niet
storen). Ad *melanampyx* kolom 5: hier waren in één geval 2 vrouwen tegelijk willig, zie tabel B.4; dit kwam bij de *arulius*-proeven
niet voor, zie verder sectie B.3. Baltsstoten zijn stoten met de bek
door de man tegen het bebaltste vrouwtje zonder dat de balts onderbroken wordt; ze zijn bij *P. melanampyx* van een felheid die door
geen andere soort benaderd wordt.

species	×b → a	vorm	♀♀ schuilen	♂inf schuilen	groep stabiel
nigro	8→≤ 3	vlak	−	−	+
concho	≤ 6	neg of vlak	−	−	+
filam	laag	?	−	−	+
lateri	laag	?	−	−	+
stolicz	≤ 12 (±300"b)	pos.	soms?	vaak +	+
tetra	≤ 47 (±270"b)	pos.	vaak	vaak +	−
reval	≤ 15	pos.	vaak	vaak +	−
titt$_c$	≤ 4	vlak à pos.	?	+	+
titt$_H$	≤ 2	vlak	nvt	nvt	nvt
olig	≤1	vlak	meest −	vaak +	+
vitt	10(200"b) ≤ 2 (> 200"b)	opt? (200"b)	−	meest −	+
bimac	laag	?	?	?	?*
ticto	8 (< 600"b) →≤ 4	opt (±200"b) of pos?	−?	−	+
naray	13 → 7 →≤ 4	opt? (±200"b)	−	meest −	+
arul	gemakk. overgang	?	½	meest + soms actiever m.n. als willig ♀	+
melan	≤ 8 +bst:≤ 29	opt of pos (±300"b) ±pos.	½	meest + soms actiever m.n. als willig ♀	+

Tabel B.4 – Relatie tussen de 2 ♂♂, uitgedrukt in aanval-♂ en balts-♀. Legenda: "a = aanvallen in seconden; "b = baltsduur in seconden; d = dominante man; i = inferieure man; d→i = dominant tegen inferieur; i→d = inferieur tegen dominant; kolom 6: ♂i terr = inferieure man handhaaft eigen territorium naast dominant; → = gevolgd door; zie verder tabel B.1; nvt = niet van toepassing; terr♂♂ (in kolom 3) = scores van de 2 territoriale mannen in de 3♂♂3♀♀-groep; wrsch = waarschijnlijk;≤ = de hoogste waarde van een tamelijk regelmatige spreiding; in kolom 3 t/m 5: < = bijna, > = ruim. * = niet ongewoon bij 2♂♂2♀♀-groepen van deze soort: *P. oligolepis* 2 van de 6 groepen; *P. vittatus* 2 van de 5 groepen. ** = normaal voor 2♂♂2♀♀-groepen van deze soort: alle 3 groepen; P = paring.

species	♂d→i max"a	♂d max"b	♂i max"b	♂i→d max"a	♂i terr
nigro	105	< 600	337	19	—
concho	105	587	199	55	—
filam	140	729	563	76	—
lateri	226	844	326	3	—
stolicz	105	290	wrsch laag	57	—
tetra	280	510	1,5	16	—
reval	420	230	2	2,4	—
titt$_C$	125	755	105 →≤ 2,5	4 → 0	—
titt$_H$	nvt	< 400 terr♂♂	nvt	nvt	nvt
olig	127	625	> 450	26 →≤ 7	(+)*
vitt	210	440	500 →> 300	25	(+)*
bimac	nvt, waarschijnlijk alles laag				nvt
ticto	250 →≤ 140	> 600 →< 300	> 300	<40 →≤ 20	+**
naray	180	< 500	150 →≤ 100	60	—
arul	300→≤70	382	≤2	8 →< 3	—
melan	370	< 700	±0	≤10	—
			1x 2♀♀ willig: 92" (1P)	29	

Tabel B.5 – Relatie van de 2 ♂♂, uitgedrukt in aanval en vechten tegen elkaar. Legenda: "a = aanvallen in seconden; ve = vechten (dreigen + afhouden + worstelen om afhouden + duels); max = maximaal; nvt = niet van toepassing; ≤ = de hoogste waarde van een min of meer gelijkmatige spreiding is weergegeven; < = alle waarden lager dan; kolommen 4 en 5: < = bijna; > = ruim; → = gevolgd door, zie verder begin tabel B.1. "Altijd iets" (*melanampyx* kolom 5): anders dan bij *P. arulius*, waar in de meeste gevallen (9 van 13) de hoeveelheid "a+ve van inferieur tegen dominant vrijwel nul was (gecombineerd met lage aanvalswaarden van dominant naar inferieur, zie kolommen 2 en 4), scoorde de inferieur van *P. melanampyx* altijd wel een zekere hoeveelheid "a+ve (2,5 – 45 seconden) tegen de dominant, ongeacht of er wel of niet een willig vrouwtje was waar de dominant mee baltste. Zie verder sectie B.3.

species	♂d→i max"a	♂d→i max"a+ve	♂i→d max"a+ve	♂i→d max"ve	♂i→d max"a
nigro	105	315	285	267	19
concho	105	220	125		55
filam	140	346	208	185	76
lateri	226	257	184	183	3
stolicz	105	105	70 → 65 →≤ 10		57
tetra	280	295	20 → 0		16
reval	427	438	25 → <10 → 0		2,4
*titt*C	125	< 600	< 350		4 → 0
*titt*H	nvt	nvt	nvt		nvt
olig	127	900	900		26 →≤ 7
vitt	210	256	80		25
bimac		nvt, waarschijnlijk alles laag			
ticto	250 →≤ 140	575	525		< 40 →≤ 20
naray	180	185	70	60	
arul	300 →≤ 70	310 → 175 →≤ 75	73 → 26 → 12 →≤ 4		8 →< 3
melan	370→310→270	388 → 310 → 285	≤ 45		≤ 10
	→205→150→≤60	→210→155→≤55	altijd iets		
	1x 2♀♀ willig:				
	100	150	90		29

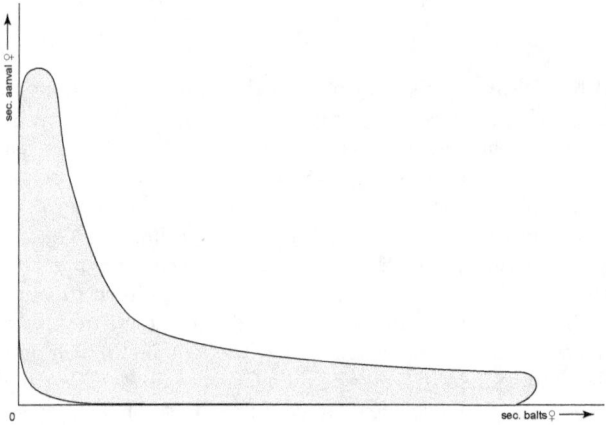

Figuur B.1 – Het grijze gebied geeft aan hoe de tijd die het manne-tje doorbrengt met het vrouwtje is verdeeld tussen aanval en balts. Als de aanvallen willekeurig optraden, zouden aanval en balts samen toenemen, maar uit de vorm van de grafiek blijkt dat de baltsstem-ming de agressie zeer effectief onderdrukt.

auteur dat het zeer laag is. Trouwens, wat wil je in minder dan 20 seconden, respectievelijk tot nul naderende totale duur). Als je de aanvalsmaten in een grafiek uitzet tegen de baltsduur, dan zie je dat de kans op aanval niet toeneemt bij langere baltsduren, maar eerder nog kleiner wordt (Kortmulder, 1986, p. 199). Figuur B.1 geeft een schematisch voorbeeld van zo'n grafiek. Als aanvallen willekeurig optraden, zou je verwachten dat het er méér werden naarmate het mannetje zich langer met hetzelfde vrouwtje bezighoudt, maar het omgekeerde is dus waar. Blijkbaar onderdrukt de baltsstemming de agressie, en wel heel effectief.

Dergelijke onderdrukking van bijna alle agressie tijdens balts geldt voor wel meer soorten (*P. titteya*, *P. oligolepis*, *P. ticto*), maar die zijn alle territoriaal, zoals we spoedig zullen zien.

Nu de inferieure mannen (tabellen B.4 en B.5). Die krijgen flink de ruimte om ook te baltsen (tabel B.4, kolom 4). Iets minder dan de dominant, dat wel; maar dat is wat verwacht mag worden. Ook voor de hand liggend is dat hun aanvalsscores tegen de dominant lager zijn dan andersom; maar kijk eens naar de hoeveelheid dreiggedrag, in de tabel uitgedrukt als seconden 'vecht' (tabel B.5, respectievelijk kolommen 6 en 5): het is duidelijk dat de inferieur dat véél doet tegen de dominant, veel meer dan aanvallen. Bij *alle vier soorten* stelt de dominant daar óók veel dreigen tegenover (tabel B.5). Wederzijds lateraal dreigen is een opvallende trek van alle vier soorten. Het verleent een grote veerkracht aan de relatie tussen de mannen; ze zijn niet gauw verslagen en dus ook niet gauw extreem dominant. Je moet al wel een gering aantal van 2 of 3 mannen zonder vrouwen bij elkaar stoppen als je zulke extreme toestanden *per se* wilt creëren Kortmulder (1972). In de 2♂♂2♀♀-groepen waar het hier over gaat komen bij deze 4 soorten geen wegschuilende inferieure mannen of vrouwen voor en de groepen zijn stabiel, zelfs gedurende weken of maanden (laatste kolommen van tabel B.3).

Gedragstypen 2 en 3

Vergelijk hiermee nu eens de *P. stoliczkanus-* en *P. tetrazona*-mannen. Die geven een heel ander beeld. Ze zijn helemaal niet onagressief tegen de bebaltste vrouw, bij *P. tetrazona* zelfs niet bij veel baltsseconden (tabel B.2). Hetzelfde geldt voor *P. reval*. Dat we die laatste toch niet indelen bij de andere twee — hier *tetrazona*-type te noemen — zit hem in de *ongeremdheid* van de agressie bij *P. reval*. Een dominante man van die soort in een 2♂♂2♀♀ groep heerst daardoor zo sterk dat de inferieure man wegkruipt en geen noemenswaardig tegenspel levert (tabel B.5). Inferieure *P. tetrazona* en *P. stoliczkanus* mannen komen aan balts ook zowat niet toe (tabel B.4), maar zij verzetten zich veelal toch vanuit hun schuilhoek tegen de aanvallen van de dominant, als het ware vanuit een minimaal territorium. Dat resulteert zelfs bij de agressieve soort *P. tetrazona* in meetbare aanvalsduur (tabel B.5). Misschien ligt het mede aan dit defensieve gedrag van de inferieur (en de vrouwtjes) dat ook een dominante *P. tetrazona* in zijn agressieve gedrag altijd nog omzichtig en geremd te werk gaat (in tegenstelling tot een *P. reval*-dominant).

Dreiggedrag is in deze 2♂♂2♀♀-groepen bijna afwezig, ook bij de dominante man (tabel B.5: vgl kolommen 2 en 4). Later zullen we zien dat het in grotere groepen van *P. tetrazona* en *P. stoliczkanus* toch wél een aanzienlijke rol speelt, en bij *P. reval* niet.

Naast het *tetrazona*-type (type 2) onderscheiden we dus een *reval*-type (type 3), het laatstgenoemde tot nu toe met slechts één vertegenwoordiger: *Puntius reval*. De verschillen in territoriumvormen van deze twee typen zullen aan de orde komen in Appendix C, bij de bespreking van de grotere groepen.

In Kortmulder's proefschrift (1972) moest er een pittige analyse van de cijfers aan te pas komen om aan te tonen dat mannen van *P. nigrofasciatus* agressiever zijn dan die van *P. conchonius*, en die van *P. tetrazona* agressiever dan *P. stoliczkanus*. Het is niet onze bedoeling het hier nog eens te herhalen, maar de gevolgen van de verschillen in agressie zijn wél zichtbaar in de tabellen: met name in de ruimte die de inferieuren krijgen voor weerwerk — hoe agressiever hoe minder mogelijkheden tot actie voor de inferieure man. De *P. nigrofasciatus* inferieur scoorde maximaal 19" aanval op de dominant tegen 55" voor die van *P. conchonius* (tabel B.5). Bij *P. tetrazona* en *P. stoliczkanus* zien we eenzelfde verschil. In de onderste twee soorten van het *nigrofasciatus*-type: *P. lateristriga* en *P. filamentosus* blijkt de eerste het meest agressief.

We kunnen verwachten dat dergelijke verschillen in agressiviteit ook bestaan in andere gedragstypen, en dat zal zo blijken te zijn. Hieruit volgt een belangrijke conclusie: *Agressieniveau is geen kenmerk om gedragstypen op in te delen!*

Gedragstype 4

Nu de andere soorten: *P. titteya* en *P. oligolepis* komen in bijna alle kenmerken overeen met het *nigrofasciatus*-type, zelfs eerder in nóg extremer mate. In de balts zijn de mannen net zo weinig agressief tegen de vrouw; gemeten in aantal keren aanval misschien zelfs nog minder; en ze kunnen minstens zoveel baltstijd volmaken (tabel B.2). Daarnaast kunnen ze ook zeer langdurig met elkaar dreigen zonder dat een dominant-inferieur relatie ontstaat. Zulke dreigpartijen kunnen veel langer dan een kwartier duren (tabel B.5: *P. oligolepis*); dat is veel meer dan bij het *nigrofasciatus*-type. Echter, mannen van dezelfde twee soorten zijn territoriaal tijdens het paaien en wel nog nadrukkelijker dan die van het *tetrazona*-type! Waar mannen van dat laatste type als territorium wel een bepaald oppervlak bezetten en verdedigen, maar de grenzen onduidelijk laten, bewaken *P. titteya* mannen juist angstvallig de grenzen van hun gebied. Door die grensbewaking kunnen twee *P. oligolepis* mannen vaak zelfs in een 60cm bak met succes ieder een territorium handhaven. Zelfs bij de agressievere *P. titteya* lukt dat in zeldzame gevallen nog. In de gegevens van tabel B.4 lukte dat bij *P. oligolepis* in twee van de vijf gebruikte groepen; bij *P. titteya* niet, maar van deze soort is in dit programma maar één 2♂♂2♀♀-groep onderzocht.

Wegens hun nog wat extremer doorgevoerde eigenschappen kunnen we deze twee soorten niet beschouwen als intermediair tussen de *nigrofasciatus*- en de *tetrazona*- of *reval*-typen. Dan blijft alleen de mogelijkheid dat ze een geheel nieuw type vertegenwoordigen dat we het *titteya*-type zullen noemen; het vierde tot nu toe.

Gedragstype 5

Min of meer het omgekeerde zien we bij *P. vittatus* en *P. bimaculatus*. Weliswaar zijn ook mannen van deze twee soorten weinig agressief tegen het bebaltste vrouwtje, en in een 2♂♂2♀♀ groep van *P. vittatus* kunnen óók twee mannen ieder territorium houden (tabel B.4), maar dát is dan dankzij het feit dat de territorium-verdediging bij hen maar zwak ontwikkeld is. Bij beide soorten baltsen mannen doorgaans tegen een vrouw zonder zich veel van rivalen aan te trekken. Bij *P. bimaculatus* gaat het zo ver dat het hele vechtgedrag sterk gereduceerd is. Bij die soort kunnen twee of drie mannetjes tegelijk tegen een vrouw baltsen zonder zich veel van elkaar aan te trekken — bij barbelen bepaald een uitzonderlijke toestand[95,96].

---

[95]Zie over het gedrag van deze soort verder in deel 1: p. 85.

[96]Van *P. bimaculatus* hebben we geen 2♂♂2♀♀-groepen bestudeerd; voor zover we hier in de tabellen iets ingevuld hebben, is dat ontleend aan 3♂♂3♀♀-groepen.

Een nieuw gedragstype dus voor deze twee soorten: het *vittatus*-type: nummer 5.

Gedragstypen 6 en 7

Nu resteren nog vier soorten: *P. ticto, P. narayani, P. arulius tambraparniei* en *P. melanampyx*. Op het eerste gezicht lijken ze niet veel met elkaar gemeen te hebben, noch onderscheiden ze zich overduidelijk van de boven gedefiniëerde typen. Als we echter weer spieken bij de gegevens over de grote groepen, blijken ze alle vier zowel territoriale mannen én dagritme[97] in hun paaigedrag te hebben. Dat onderscheidt hen van de typen die óf het één óf het ander hebben, dat wil zeggen van (bijna) alle voorgaande typen[98]. Vormen de genoemde vier soorten dan samen één nieuw type, of moeten we ze nog onderverdelen?

Laten we daartoe nog eens preciezer naar hun onderlinge verschillen kijken. Agressiviteit bleek geen goed typekenmerk; dat gaan we dus eerst elimineren. Net als boven uiten die verschillen zich het duidelijkst in de ruimte die de inferieure man wel of niet krijgt om rond te zwemmen of zelfs te baltsen. Daaruit blijkt dat *P. arulius tambraparniei* en *P. melanampyx* de agressievere soorten zijn, en *P. ticto* en *P. narayani* de meer gematigde (tabel B.4 en B.5)[99]. Deze twee-aan-twee verdeling laat een kunstgreep toe om typeverschillen op te sporen: we vergelijken de twee agressieven met elkaar en ook de twee gematigden.

Eerst maar *P. ticto* en *P. narayani*, de minder agressieven. Hier valt vooral op dat bij *P. ticto* in alle drie gebruikte groepen de inferieure man een eigen territorium had, naast dat van de dominant. Bij *P. narayani* was dat in geen van de vier groepen zo, ondanks het feit dat de inferieure man bij die soort een aanzienlijke mate van vrijheid van beweging had. Diverse andere punten in de tabel

---

[97]Bij *P. arulius* is dat laatste niet bewezen (zie ook Appendix A).

[98]Een dergelijke combinatie is er ook bij de *vittatus*-groep, maar we zagen al dat de territorialiteit van de mannen bij beide soorten van die groep weinig tot niets voorstelt.

[99]Je hoeft ze trouwens maar even bezig te zien om de dominante mannen van *P. arulius tambraparniei* en *P. melanampyx* als kampioenen van felle agressie aan te wijzen.

zijn op dit verschil terug te voeren. Dat gaat zó: de component 'vechten' in het totale agonistische gedrag tussen de twee mannen is bij *P. ticto* hoog, bij beide mannen. Daardoor zal ook het totaal van 'aanval + vechten' hoog zijn[100]. Dit in tegenstelling tot de mannen van *P. narayani* (tabel B.5). De inferieure *P. ticto*-man stelt zich dus geducht te weer. Ook haalt hij een hoge baltsscore (bijna 300" maximum tegen 150" als uitschieter gevolgd door ≤100" bij *P. narayani*). Dat de inferieure man bij *P. ticto* nooit wegschuilt past natuurlijk bij zijn territoriale status.

Nu zou het mooi zijn als de verschillen tussen de twee agressievere soorten hieraan parallel liepen. Hier is het onderscheid echter subtieler. Dat is een probleem dat zich steeds weer voordoet bij relatief agressieve soorten in kleine groepen in kleine aquaria. De beperkte ruimte laat de inferieure man weinig méér keus dan wegkruipen en de ruimte aan de dominante man laten. Toch zijn de relaties tussen de mannen ook nu weer niet identiek (tabel B.5). Bij *P. arulius* geeft de inferieur sóms wél aanzienlijk tegenspel als er een vrouwtje willig is. Hij komt dan uit de dekking en interfereert met de balts van de dominant, maar andere keren negeert hij zijn kansen en blijft schuilen. Zolang de inferieure man zich koest houdt, vertoont de dominante weinig animo om hem op te zoeken. Hij scoort dan altijd minder dan 70 seconden aanval op zijn rivaal. Dat gaat bij de *P. melanampyx*-mannen anders. Daar zoekt de dominant geregeld de inferieure man op, valt aan en jaagt hem de bak rond. Ondanks die grotere aanvalsdruk[101] vecht de inferieure man altijd wel wát terug, en wel onafhankelijk van de aan- of afwezigheid van een willig vrouwtje[102]. Dat verraadt een verbazingwekkende veerkracht in het gedrag van de onderworpen man. Hij doet daarin eerder den-

---

[100]Bij de dominant werkt daar ook een flinke score 'aanval' aan mee.

[101]De aanvalsdrift van *P. melanampyx*-mannen neemt niet alleen veel tijd in beslag, maar is ook buitengemeen fel. Ongeremde aanvallen en achtervolgingen en harde stoten met de door een witte wratplek gepantserde snuit zijn bij deze soort gewoon, zoals zij ook keihard kunnen 'hameren' op putjes in kiezelstenen tijdens het voedselzoeken.

[102]Het ene geval waarin de inferieur 29 sec. 'aanval' en 90 sec. 'vechten + aanval' scoort (tabellen B.4 en B.5) mogen we niet meetellen, want een dergelijke situatie waarin twee vrouwen tegelijk willig waren heeft zich in de *P. arulius*-proeven niet voorgedaan. ook zonder dat punt is het verschil tussen de twee soorten echter duidelijk.

Tabel B.6 – Soorten behorende tot gedragstypen 1 t/m 7. Alleen de 15 uitgebreid besproken soorten zijn in de indeling meegenomen.

type	soorten
1. *nigrofasciatus*-type:	*P. nigrofasciatus, P. conchonius, P. filamentosus, P. lateristriga.*
2. *tetrazona*-type:	*P. tetrazona, P. stoliczkanus.*
3. *reval*-type:	*P. reval.*
4. *titteya*-type:	*P. titteya, P. oligolepis.*
5. *vittatus*-type:	*P. vittatus, P. bimaculatus.*
6. *melanampyx*-type:	*P. melanampyx. P. ticto.*
7. *arulius*-type:	*P. arulius tambraparniei, P. narayani.*

ken aan het bezettings-territoriale type van *P. tetrazona* dan aan bijvoorbeeld *P. reval* of *P. nigrofasciatus*, of *in casu P. arulius*.

P. melanampyx komt dus overeen met *P. ticto* in de taaiheid waarmee ze zich in de inferieure rol verdedigen. Daarin verschillen ze beiden van *P. arulius* en *P. narayani*. Dat spoort prima met onze ervaringen met de grote groepen, waarin *P. ticto* en *P. melanampyx* zich ontpoppen als houders van bezettings-territoria[103], terwijl *P. narayani* en *P. arulius* van het tolerante territorium-type zijn. De eerste twee doen daarin denken aan *P. tetrazona* en *P. stoliczkanus*, de andere aan *P. reval*. Het zijn deze verschillen dus die zelfs in de krappe ruimte van de 2♂♂2♀♀-groepen merkbaar zijn.

Moeten we nu, omdat de vier soorten ook dagritme hebben, concluderen dat het tussenvormen zijn of combinaties van het *nigrofasciatus-* en respectievelijk het *tetrazona-* of *reval*-type? We komen daar later op terug (hoofdstuk VIII, causale kaarten, p. 75). Voorlopig beschouwen we hen als twee nieuwe typen, het *melanampyx-* en het *arulius*-type. Dat brengt het totaal aantal typen op zeven (zie tabel B.6).

Tot zo ver dit Appendix-hoofdstuk over de 2♂♂2♀♀-groepen. Voor de gegevens over de grotere groepen zie Appendix C. Vervolgens

---

[103] *P. melanmpyx*-mannen kunnen zelfs ook eiland-territoria met niemandsland creëren.

verwijzen we terug naar hoofdstuk III.2 van de hoofdtekst, waarin alles nog eens samengevat wordt.

Appendix C

De 3♂♂3♀♀- en 6♂♂6♀♀-groepen: de meerwaarde van grotere groepen in grotere aquaria

C.1 Inleiding. Paaiperioden, territoriaal gedrag en de samenstelling van balts en vechten

De gegevens over *paaiperioden* in Appendix A zijn alle afkomstig uit deze grotere opstellingen. Immers, in de kleine ruimtes waarin de 2♂♂2♀♀-groepen geobserveerd werden[104] kan een willigheidsperiode van een vrouwtje gemakkelijk onderdrukt worden door de aanwezigheid van een al te dominante man voor wie zij wegkruipt; of de vrouwen zouden elkaar negatief kunnen beïnvloeden. Die situaties zijn dus minder geschikt voor het meten van willigheidsperioden.

De mannen kunnen in de grotere ruimtes ook hun *territoriale* ambities beter waar maken. Óf het ontbreken daarvan: als ze in 3×1 meter als groep nóg geen territoria vestigen, kun je wel aannemen dat dat hun natuurlijke gedrag is. In deel 1 van dit boek is de eerste auteur met u voor het aquarium gaan zitten om samen naar

---

[104]Zie Appendix B.

het gedrag van een paar soorten te kijken[105]. Daarvoor gaat het nu over te veel soorten. De nadruk zal hier ook op andere details liggen, met name op territoriaal gedrag en de verschillende vormen die een territoor kan hebben. Een territorium kan geconcentreerd zijn op een *punt* in de ruimte en vandaaruit uitwaaieren en zich 'verdunnen' naarmate van de afstand tot dit punt. De man verdedigt vooral de ruimte vlak om het centrale punt, en wordt naar buiten toe geleidelijk minder fel. Naburige territoria kunnen elkaar zo in hoge mate doordríngen. Of om het anders te zeggen, de mannen zijn relatief tolerant tegenover binnendringers. Een territorium kan óók bestaan uit een *bezet* gebied, waarbinnen indringers overal even vaak verjaagd worden. Daarbij kan het grensgebied onduidelijk zijn, maar er zijn er ook waar juist die *grensstrook* bewaakt en bevochten wordt. Tenslotte kan het hele territoriale gebied samengetrokken zijn op een betrekkelijk klein '*eiland*', dat omgeven wordt door *niemandsland*. In de onderstaande tabellen wordt het territorium-type per soort aangegeven. Daarnaast staat de mate van tolerantie van de bezitter. Verder is aangegeven hoeveel van de aanwezige mannen erin slaagden een territorium te vestigen in de 6♂♂ 6♀♀-groepen.

Als *derde groep kenmerken* zijn aan de tabellen nog een paar parameters toegevoegd die we wél ook in de 2♂♂ 2♀♀-groepen tegenkwamen: onderbreking van de balts door agressie tegen hetzelfde vrouwtje; variaties in het vijandige gedrag door dreigen (dr), verzoening (kantelen: ka) of frontale oppositie (fr) en de proportie tussen regelrecht aanvallen en dreigen (a/dr). Verderop in dit boek spreken we van 'ongeremd' vijandig gedrag als deze variaties ontbreken. In de 2♂♂ 2♀♀-groepen hebben we die parameters precies gemeten (Appendix B); in de grotere groepen was dat niet doenlijk, maar we hebben er wél op gelet, en we constateerden dat de verhoudingen niet opvallend ánders waren. Soorten met weinig agressie in de balts bleven in de grote groepen net zo onagressief tegen bebaltste vrouwen, en mannen die onderling veel dreiggedrag vertoonden, deden dat ook in de grotere opstellingen. Dezelfde gelijkvormigheid gold voor agressief baltsende soorten en voor aanvalsspecialisten. Alleen was er in de grotere groepen bij sommige soorten naast overwegend

---

[105]Deel 1, *pp.* 40–43.

Tabel C.1 – Typen en soorten. De 15 besproken barbelensoorten ingedeeld in zeven gedragstypes.

type	soort
nigrofasciatus-type:	*P. nigrofasciatus,*
	P. conchonius,
	P. lateristriga,
	P. filamentosus.
tetrazona-type:	*P. tetrazona,*
	P. stoliczkanus.
reval-type:	*P. reval.*
titteya-type:	*P. titteya,*
	P. oligolepis.
vittatus-type:	*P. vittatus,*
	P. bimaculatus.
melanampyx-type:	*P. melanampyx,*
	P. ticto.
arulius-type:	*P. arulius,*
	P. narayani.

rechtstreekse aanvallen ook wat dreiggedrag (*P. tetrazona* bijvoorbeeld) terwijl dat bij andere net zo zeldzaam bleef als in de 2♂♂♀♀-groepen (*P. reval* en *P. melanampyx*). Dit wordt in tabel C.3 en C.4 uitgedrukt als a(dr) respectievelijk a in de laatste kolom. Onagressieve balts en voorkeur voor veel dreigen in de interacties tussen mannen gingen in grote lijnen samen, en waren karakteristiek voor minstens zeven van de 15 soorten; het tegendeel voor ten minste vijf andere[106].

We herhalen hier eerst de tabel van gedragstypen met de soorten die er bij horen (tabel C.1). In tabel C.2 staan de relevante parameters per soort.

---

[106] *P. vittatus* en *P. bimaculatus* zijn hier buiten beschouwing gelaten omdat hun balts- en vechtgedrag niet sterk ontwikkeld is; bij *P. ticto* kan de lage baltsagressie gevolg zijn van het überhaupt lage agressieniveau van de soort.

C.2   Resultaten

De gegevens over de grote groepen die voor de vergelijking van de soorten respectievelijk de gedragstypen van belang zijn staan in de tabellen C.3 en C.4. We leggen ze eerst weer uit in tabel C.2.

Tabel C.2 – In deze tabel staat de gebruikte notatie voor de overige tabellen in deze Appendix toegelicht.

term	uitleg
Eerste kolom	In de eerste kolom van tabel C.3 staan soortsnamen afgekort (zie tabel C.1 met volledige namen). De eerste kolom van tabel C.4 geeft de namen van de gedragstypen, op gelijke wijze afgekort.
$titt_c$	gegevens uit één $2♂♂2♀♀$-groep;
$titt_H$	gegevens uit één van de $3♂♂3♀♀$-groepen (zie Appendix G voor alle gebruikte groepen).
terr.	mannen bij het paaien territoriaal $(+)$ of niet $(-)$.
terr type	het territorium kan een puntterritorium zijn (punt), een bezet oppervlak (bezet), klein van oppervlak (klein) en flakkerend bezet (flakk) d.i. de eigenaar is nu eens wel dan weer niet in zijn gebied aanwezig; een man kan door geleidelijk opdringen zijn gebied vergroten ten koste van de buren (opdr) of ook de beschikbare ruimte spontaan min of meer gelijkelijk delen (delen).
tolerant	mannen laten buurmannen betrekkelijk gemakkelijk binnendringen in hun territorium en *vice versa* zolang ze niet te dichtbij het centrale punt komen $(+)$; of ze reageren op iedere indringing in hun bezette gebied $(-)$.
nr max	maximaal aantal mannen dat in een $6♂♂6♀♀$-groep een territorium weet te vestigen (in aquaria van hoogstens 3×1 meter): x/y = aantal territoriale mannen gedeeld door aantal mannen in de groep.

dagritme	verdeling van de paaitijden over de dag: vaste dagtijden (+) of willekeurig (−) (hoofdstuk II en Appendix hoofdstuk 1).
agr. balts	mate van agressief gedrag van een baltsende man tegen het bebaltste vrouwtje (zie hoofdstuk III en Appendix B).
vecht geremd	verschillende variaties in het vijandige gedrag:
dr	lateraal dreigen;
a	aanvallen
ka	buik- of rugkantelen
fr	frontale oppositie. Verdere uitleg zie tekst (p. 123 in de Discussie, paragraaf C.3).
a/dr	de relatieve nadruk op regelrecht aanvallen (a) of lateraal dreigen (dr); tussen haakjes: minder nadrukkelijk.

C.3 Discussie van de resultaten

Bij bijna alle soorten die überhaupt een territorium hebben, slagen de meeste mannen erin er één te vestigen (tabel C.3, kolom 5). Dat geldt zeker voor de 6♂♂6♀♀-situaties in de 3-meter bak. Bij een aantal soorten waarbij dominante mannen sterk expansieve neigingen hebben blijkt beschikbare ruimte toch een beperkende factor te zijn, ook in de grootste aquaria die we hadden. Zo nemen bijvoorbeeld bovengemiddeld agressieve *P. tetrazona*- en *P. melanampyx*-mannen disproportioneel grote delen van de ruimte in (zie tabel C.3, noot 4 en tabel C.4, noot 4). Desondanks zijn de meeste andere mannen zijn dan toch territoriaal, maar moeten genoegen nemen met een klein stukje.

De expansiedrift van *P. titteya* en *P. oligolepis* is spectaculair doordat bij hen de grensstrook een belangrijke focus is (tabel C.3 kolom 3: opdringen/delen). Daarbij betekent *opdringen*: na een aanvankelijke, redelijk bescheiden vestiging, dringt één van de mannen in de loop van dagen alsmaar verder op, steeds de grens een stukje verleggend in een geleidelijke landjepik. Bij *P. titteya* kan dat leiden tot een bezetting van driekwart van het oppervlak van de 3 × 1

Tabel C.3 – Diverse parameters van territoriaal en agressief gedrag van de mannen bij de 15 soorten waarvan voldoende gegevens beschikbaar zijn. Uitleg afkortingen zie tabel C.2. Verdere informatie in noten als aangegeven in de tabel.

soort	terr.	terr. type	tole-rant	nr./max	dag-ritme	agr/balts	vecht/geremd	a/dr
nigro	−			0	+	−	dr	dr(a)
concho	−			0	+	−	dr	dr
filam	−			0	+	−	dr	dr
lateri	−			0	+	−	dr	dr(a)
stolicz	+	bezet?	−	veel	−	+	dr ka(fr)	a(dr)
tetra	+	bezet	−	6/6	−	+	dr ka,fr	a(dr)
reval	+	punt	+	±6/6	−	++	−	a
titt	++	bezet! opdr/delen	−−	5/5	−	−−	dr	dr!
olig	+	bezet opdr/delen	−	3à4/6	−	−	dr	dr!
vitt	(+)	klein/flakk	?	≥4/6	+[1]	−	(dr)	?
bimac	(−)[2]	?	?	?	+[3]	−	?	?
ticto	+	bezet	−	5/7	+	(−)	ka,fr (dr)	a(dr)
melan	+	bezet	−	5/6[4]	+	+	ka,fr	a
arul	(+)	punt	+	1/6	+	+	dr?	a
naray	+	punt	+	5/6	+	−	dr	dr(a)

[1] Vroeg in de morgen.
[2] Waarschijnlijk geen territoria tijdens het paaien.
[3] Zeer vroeg in de morgen, al voor de dageraad.
[4] 2 of 3 gróte territoria.

Tabel C.4 – Overzicht van sociale parameters van de 7 gedragstypen. Uitleg afkortingen zie tabel C.2. Verdere informatie in noten als aangegeven in de tabel.

gedrags-type	terr.	terr. type	tole-rant	nr./max	dag-ritme	agr/ balts	vecht/ geremd	a/dr
nigro	−			0	+	−	dr	dr
tetra	+	bezet	−	6/6	−	+	dr ka, fr	a(dr)
reval	+	punt	+	±6/6	−	++	−	a!
titt	++	bezet opdr/ delen	−−	5/5	−	−−	dr	dr!
vitt	(+)	klein/ flakk	?	$\geq 4/6, ?^1$	$+^2$	−	(dr), $?^3$	?
melan	+	bezet	−	$5/6,^4 5/7^5$	+	$+,(-)^5$	ka, fr	a
arul	$(+),+^6$	punt	+	$1/6, 5/6^6$	+	$+,-^6$	dr?, dr^6	a, dr(a)^6

[1] Voor en na de komma respectievelijk *P. vittatus* en *P. bimaculatus*.
[2] Vroeg, respectievelijk zeer vroeg in de morgen.
[3] Voor en na de komma respectievelijk *P. vittatus* en *P. bimaculatus*.
[4] 2 of 3 gróte territoria.
[5] Voor en na de komma respectievelijk *P. melanampyx* en *P. ticto*.
[6] Voor en na de komma respectievelijk *P. arulius* en *p. narayani*.

m bak. Voor zo'n klein visje een hele prestatie! De, minder agressieve, *P. oligolepis* mannen brengen het tot 3/4 van een 125 × 40cm aquarium, ten koste van twee tegenstanders. *Delen* betekent het volgende: merkwaardig genoeg hebben beide soorten behalve opdringen óók de neiging om een beschikbare ruimte in tweeën te delen, vaak verrassend precies ieder de helft. Zelfs in de 3 × 1 meter ruimte kwam deze toestand voorbijgaand voor. In de 125 × 40 centimeter van de 3♂♂3♀♀ groepen gaat de tweedeling gemakkelijker. Zoals we eerder zagen, kunnen twee *P. oligolepis* mannen zelfs een 60 × 35cm grondvlak langdurig samen delen. Des te curieuzer is zo'n deling omdat zulke buren in hun gedrag toch niet helemaal gelijkwaardig zijn. In één van de 3♂♂3♀♀-situaties (125 × 40cm) van *P. titteya* trok de rechterman zich vaak terug en werd inferieur aan de ander; die lijfde de rechterhelft dan in bij zijn gebied. Werd echter een vrouwtje willig, dan 'herleefde' de rechter en trok de linker zich zonder slag of stoot terug in 'zijn' helft. Beiden baltsten alleen tegen het vrouwtje als zij zich uit eigen beweging naar hun helft begaf; de ander keek toe, achter de grens[107].

Een 'zesde man' wil bij alle soorten wel eens territoriumloos blijven. In de grootste aquaria leidt dat zelden tot schuilgedrag, Bij sommige soorten kan zo'n man nog enig paringssucces boeken terwijl hij zich door de hele bak beweegt. Meer structureel territoriumvrij gedrag is te zien bij *P. bimaculatus*, bij wie territoriaal gedrag nauwelijks ontwikkeld is, bij *P. vittatus* met zijn onzekere, flakkerende[108] territorium-claim, en ogenschijnlijk bij *P. arulius* waarvan in onze opstellingen hoogstens één man een territorium realiseerde (tabel C.3 kolommen 5 en 2). In het laatste geval vermoeden we een tekort in onze opstellingen. Van de 6 *P. arulius*-mannen in de 3 × 1 meter-bak, was slechts één, de dominante, territoriaal te noemen in het meest linkse kwart van de ruimte. Net als in de 3♂♂3♀♀-groepen was het daar, tot in het centrum, meestal een gedrang van zowel mannen als vrouwen. Toen we echter een halve baklengte naar rechts een grote drijvende Eikebladvaren (*Ceratopteris*) aanbrachten, een markante aanwezigheid met een lange neerhangende streng wortels, verlokte dat de dominant om daar een territorium te vestigen, op afstand van de menigte. De drukte werd er niet minder om, maar de dominante eigenaar scoorde wél ineens vrijwel 100% van de paringen (p. 152). Helaas kon dit experiment niet verder vervolgd worden. Het lijkt erop dat we aldus meerdere territoria hadden kunnen uitlokken en daarmee meer te weten komen van de natuurlijke interactie tussen gelijkwaardige mannen van deze soort. Overigens had dat waarschijnlijk een nog grotere ruimte gevraagd, bijvoorbeeld 3 × 3 meter! Dat konden we niet realiseren. Misschien speelt dreiggedrag in zo'n situatie ook een grotere rol dan we tot nu

---

[107]Een verwant fenomeen komt voor bij veel méér territoriale barbelensoorten. Een agressieve man kan een zwakkere buur in diens territorium verslaan, maar in plaats van het buurgebied te annexeren trekt hij zich terug achter de oude grens en laat de buurman terugkomen. Zo'n elastische terugtocht lijkt op het eerste gezicht niet voordelig voor wie hem uitvoert, maar het zou kunnen zijn dat een groter aantal gevestigde mannen een sterkere aantrekkingskracht uitoefent op willige vrouwen. Daarbij heeft de sterkere man zich door het winnen van de vechtpartij wellicht tóch een voordeel verschaft in de strijd om een vrouwtje dat komt.

[108]Met 'flakkerend' bedoelen we dat de mannen slechts af en aan in hun territorium aanwezig waren, ook tijdens baltsperioden.

toe gezien hadden. De mannen van deze soort hebben toch vast niet voor niets zo'n mooie, met verlengde stralen versierde rugvin?[109]

We hebben in hoofdstuk III.2 en appendix B.3 zeven gedragstypen onderscheiden op basis van de quantitatieve gegevens over de $2\male\male 2\female\female$-groepen, maar daarbij leenden we ook al uit de waarnemingen aan de grotere groepen, met name over territorialiteit en dagritme. Het is dan ook geen verrassing dat tabel C.3 zich soepel laat condenseren tot tabel C.4, waarin de soorten samengevoegd zijn volgens de boven aangegeven gedrags*typen*. Tabel C.4 bespreken we verder in hoofdstuk III van de hoofdtekst.

---

[109]Bij de andere subspecies van *P. arulius tambraparniei*, *P. arulius arulius*, ontbreken die verlengde vinstralen juist bijna helemaal. Intrigerend!

Appendix D

Paringsscores van de mannen, afhankelijk van hun sociale positie

D.1 Inleiding.

Dit Appendix-hoofdstuk is geschreven in de vorm van een dialoog. Opeenvolgende wetenschappelijke vragen worden steeds direct beantwoord met de relevante cijfers in een tabelletje in de tekst.

In hoofdstuk V van de hoofdtekst beredeneren we dat verschillende sociale gedragsopties van de mannen (dominantie, territorialiteit, niet-vechten en landjepik) tactieken zijn om voor de uitvoerder ervan een zo hoog mogelijk voortplantingssucces te behalen. Door de scores van individuen met verschillend gedrag of sociale positie te vergelijken kan het rendement van die verschillende tactieken bepaald worden en krijgt men een idee van de functies ervan. Dat rendement is het beste uit te drukken in aantal vruchtbare nakomelingen, en wel liefst vast te stellen in de natuurlijke omgeving, want daar zijn de gedragingen rond de voortplanting in de evolutie ontstaan. In het geval van de barbelen gaat dat niet zo makkelijk: onmogelijk om een individu lang te volgen, laat staan zijn jongen te tellen als ze volwassen zijn. In het laboratorium kun je individuen beter in de gaten houden, en de grotere groepen van $3\male\male 3\female\female$

en 6♂♂6♀♀ zijn waarschijnlijk groot genoeg om de natuurlijke situatie te benaderen. Daarmee heb je nog niet het aantal vruchtbare nakomelingen. Men zou in het aquarium jongen kunnen tellen, of gelegde eieren over alle paringen van een man of vrouw over een dag of week of leven. Geen van allen erg practisch. Wat wel goed te tellen is, dat zijn de aantallen paringen tussen wie en wie. Omdat bij de paring steeds maar twee exemplaren, een man en een vrouw, betrokken zijn, weet je vrij zeker dat de bevruchte eieren ook kinderen van de parende man zijn. Het aantal volvoerde paringen is een goed uitvoerbare maat voor voortplantingssucces. Vergissingen bij het vaststellen zijn practisch uitgesloten. Waarschijnlijk geven vrouwtjes van een soort niet allemaal bij iedere paring evenveel eieren af, maar allá.

D.2   Resultaten en discussie

In het nu volgende deel worden allerhande conclusies getrokken. Deze conclusies zijn gebaseerd op statistische toetsen, en derhalve voorzien van een zogeheten p-waarde. Een p-waarde van bijvoorbeeld 0,03 betekent dat er 3% kans is dat de gedane bewering niet waar is, maar slechts door toeval waar *lijkt* te zijn. Gemeenlijk vinden ethologen dat een bewering voor waar mag worden aangenomen, zodra $p < 0,05$, dus als de kans dat deze conclusie niet waar is maar louter op toeval berust kleiner dan 5% is. Bij alle hiernavolgende conclusies staat de p-waarde netjes vermeld. De daartoe uitgevoerde statistische toets is telkens de zogeheten Mann-Whitney U-test. In gevallen waar niet gekeken is of een bepaalde bewering waar is, maar of er een verband is tussen twee variabelen, is de correlatie-coëfficiënt volgens Pearson, r, berekend, met weer een bijbehorende waarde van p. Wanneer twee variabelen perfect lineair samenhangen, is die correlatie-coëfficiënt gelijk aan 1 of -1, afhankelijk van de aard van het verband: stijgend (1) of dalend (-1). als er volstrekt geen lineair verband is, is r gelijk aan nul. In de praktijk zal r niet precies 0, 1 of -1 zijn, maar een getal daartussen, dat hopelijk dicht genoeg bij een van de betekenisvolle getallen ligt om een duidelijke conclusie te kunnen trekken.

De gegevens werden verzameld in de groepen van 3♂♂3♀♀ en 6♂♂6♀♀, meestal in aquaria van respectievelijk 125 cm en 300 cm lang[110]. Uitzonderingen worden ter plaatse aangegeven. Een reeks opeenvolgende dagen (veelal 10) waarop een groep waargenomen werd, wordt een serie genoemd. Series van dezelfde barbelensoort worden genummerd: 1, 2, 3, *et cetera*. Onderdelen van series worden aangegeven met haakjes: 1(1), 1(2), enzovoort. In overeenstemming met hoofdstuk V onderscheiden we defensieve tactieken (replieken) en offensieve tactieken (dominantie en landje-pik). Het schema dat daarbij hoort bouwen we in deze Appendix stap voor stap op.

Tactiek dominantie. Laten we eerst even nadenken wat we kunnen verwachten. De meest algemene eigenschap van barbelenmannen van alle soorten is dat ze strijden om dominantie over andere mannen. Kunnen we toetsen of dominantie winst in paringen oplevert? Dan moeten we andere mogelijke factoren uitschakelen, bijvoorbeeld de invloed van territorialiteit, want het houden van een territoor zou ook heel goed een middel kunnen zijn om meer paringen te veroveren. Situaties zonder territoria waren voorhanden bij de niet-territoriale soorten *P. filamentosus* en *P. lateristriga*, en incidenteel bij *P. narayani* en *P. melanampyx*. (Voor allen gaat het om 3♂♂3♀♀-groepen).

Bij *P. lateristriga* werden op 8 dagen alle paringen geteld bij 1 vrouw willig. De dominante man (♂1) scoorde tussen 93 en 100 procent van de paringen[111]. Bij 2 willige vrouwtjes kreeg hij 66 tot 82 procent tegen ♂2 14 tot 33. De score van ♂3 was zeer klein[112].

De dominante *P. melanampyx*-man scoorde zelfs bij 3 willige vrouwen nog 89% van alle paringen, en dus meer dan de andere mannen ($p \ll 0,0001$), zie tabel D.1. Voor alle tabellen geldt $n =$ het totaal aantal paringen dat geteld is .

Voor de dominant van *P. narayani* staan de resultaten in tabel D.2.

---

[110]Zie Appendix G voor een overzicht van de gebruikte aquariummaten.

[111]De absolute aantallen zijn niet bekend, maar lopen per dag zeker in de tientallen.

[112]Deze getallen zijn welsprekend, maar statistisch toetsen kan hier niet, omdat de aantallen niet bekend zijn (zie vorige noot).

Tabel D.1 – Paringsscores van *P. melanampyx*.

		♂ dominant	♂2	♂3	n
serie 3(1)	1♀ willig	96%	2%	2%	48
	2♀♀ willig	100%	0%	0%	23
	3♀♀ willig	89%	11%	0%	9
serie 2(1)	2♀♀ willig	90%	9%	1%	91

Tabel D.2 – Paringsscores van *P. narayani*.

		♂ dominant	♂2	♂3	n
serie 1(1)	1♀ willig	84%	14%	3%	38
	2♀♀ willig	67%	26%	7%	130

Ook hier geldt: de dominant scoort meer dan ieder van de andere mannen ($p \ll 0,0001$).

In serie 2 van dezelfde soort scoort ♂1 over alle waarnemingen (ongeacht aantal willige vrouwen) 96% ($n = 213$; $p \ll 0,0001$).

De situatie in serie 2(2) van *P. oligolepis* levert de dominante man 100% van 152 paringen op. De relaties tussen de drie mannen verschillen hier weinig van die van een dominant met twee inferieuren, maar zijn in wezen een extreem van territoriale verhoudingen waarbij ♂1 de andere twee vrijwel geheel verdrongen heeft. Of dit gegeven hier mee mag tellen is dus de vraag. Hoe dan ook, tot zover lijkt de these bevestigd dat dominantie een groot reproductief voordeel levert.

Echter, de cijfers van *P. filamentosus* zijn minder eenduidig. Zie tabel D.3.

Globaal genomen maakt de dominante man ook hier de grootste winst. ($p \ll 0,0001$ voor beide series samen). In serie 2 is bij 1 vrouw willig de score van de dominant ook het grootst ($p \ll 0,0001$) en te vergelijken met die van *P. narayani* (maar kleiner dan bij *P. melanampyx* of *P. oligolepis*). Echter, bij twee willige vrouwen

Tabel D.3 – Paringsscores van *P. filamentosus*.

		♂ dominant	♂2	♂3	n
serie 1	1♀ willig	80%	15%	5%	269
	2♀♀ willig	62%	23%	14%	183
serie 2	1♀ willig	63%	33%	4%	221
	2♀♀ willig	5%	35%	59%	96

is het verschil met man 2 en man 3 óók significant ($p \ll 0,0001$ respectievelijk $p \ll 0,0001$) maar is hij de laagste!

Tactiek ('repliek') dreigen. Wat hierboven aan de hand is verraadt zich als we de scores per dag splitsen. De 80% voor ♂1 van serie 1 bij 1 willig vrouwtje blijkt dan samengesteld te zijn uit 4 keer boven de 90% — in lijn met de gegevens van de andere soorten — en één keer slechts 38%, waarbij ♂2 in de hiërarchie 52% haalt en zelfs ♂3 nog 11% in de wacht sleept. In groep 2 scoort ♂2 zelfs een keer 62% tegen de dominant 34%, en haalt ♂1 maar eenmaal van de drie waarnemingen boven de 90%. Bij 2 vrouwen houdt ♂1 van serie 1 nog de hoogste score, maar in de andere serie vangt de 'baas' een schamele 5% van 96 paringen. Nu is de pikorde in groep 2 weliswaar minder steil dan in groep 1, en in beide mag hij minder steil zijn dan in de andere in de vergelijking betrokken soorten, maar een significant voordeel voor de onderste in de hiërarchie vraagt toch om een andere verklaring. In het geval van de winst van ♂3 zit die in het feit dat de hoogste twee mannen zeer veel tijd besteedden aan tegen elkaar dreigen, waardoor de derde kansen kreeg. Dit vestigt de aandacht erop dat (wederzijds) lateraal dreigen bij mannen van deze soort een prominent deel van hun interacties is. Door lateraal dreigen kan een 'ondergeschikte' vis niet alleen de aanvallen van de dominante weerstaan, maar hem prikkelen om óók te gaan dreigen, waardoor tijdelijk een gelijk-gelijk relatie ontstaat[113]. Daar kan de

---

[113]In deel 1 lieten we zien dat deze tactiele prikkeling van de flanken door de waterbeweging de specifieke prikkel voor lateraal dreigen is, en dat daardoor dreigen van de één dreigen in de ander kan opwekken, waarna ze elkaar continueren.

'mindere' van de twee handig gebruik van maken om snel een paring te 'stelen'.

Maar moeten we dan niet verwachten dat inferieure *P. lateris-triga*-mannen op dezelfde wijze hun paringsscores zouden kunnen verbeteren? Mannen van die soort zijn immers ook sterk tot dreigen geneigd, zoals in tabel B.5 gebleken is? In diezelfde tabel kun je echter zien dat de regelrechte agressie van de dominant bij hen hoger ligt dan bij *P. filamentosus* en dat de inferieure man er nauwelijks tot tegenagressie komt. We kunnen de resultaten als volgt interpreteren.

- lateraal dreigen is een middel om de dominantie van de bovenste man tijdelijk af te dempen, en

- de dominant kan deze tactiek overwinnen als hij over voldoende directe agressie beschikt[114].

Lateraal dreigen is als tactiek vergelijkbaar met het vestigen van een (tegen-)territorium. Straks zal blijken dat ook de territoriale tactiek kwetsbaar is voor felle agressie van de zijde van de dominant.

Bij soorten met relatief *laag* agressie-niveau kan dreiggedrag zelfs wel tot eerste optie voor álle mannen worden, in plaats van domineren. Vooral als het paaien normaliter in grote groepen gebeurt is dit een reële mogelijkheid. De kans dat je dan over alle mannen in de groep effectief dominant wordt is immers miniem. Deze situatie lijkt

---

[114]Het gaat hier niet om een 'bewapeningswedloop' waarin méér aanvalsdrift en méér dreigen elkaar (in evolutionaire schaal) opjagen; want dan zou men verwachten dat alle soorten van deze catgorie hoog agressief én dreiglustig waren. We houden het erop dat het niveau van puur aanvalsgedrag vooral geselecteerd is ten gevolge van interacties met predatoren (deel 1, hoofdstuk I). De prominentie van dreigen wordt evolutionair gevormd door de vorm en de omvang van de paaigroepen, die op hun beurt afhangen van de ruimtelijke structuur van de soortspecifieke habitat.

Dit lijkt in te gaan tegen de klassieke ethologische opvatting dat dreigen een ambivalentie is tussen aanvals- en vluchtneiging, waardoor het optreden van dreigen sterk afhankelijk zou moeten zijn van de hoogte van de aanvalsmotivatie. In deel 1 hebben we echter al afstand genomen van die oude opvatting (hoofdstuk III). Zeker als we soorten met elkaar vergelijken, gedragen agressie- en dreigniveau zich als onderling onafhankelijke variabelen, zoals zonneklaar blijkt uit de vergelijking van de gedragstypen (hoofdstuk III en Appendix B).

gerealiseerd in *P. filamentosus*. Waarschijnlijk zit *P. conchonius* vergelijkbaar in elkaar[115]. Ook de agressievere *P. nigrofasciatus* valt mogelijk in deze categorie, maar dan pas in grotere groepen. Uit het veld weten we dat paaiaggregaties van deze soort kunnen oplopen tot tegen de 100 mannetjes[116,117]. Van *P. lateristriga* zijn nog geen veldwaarnemingen bekend. Wie weet komen ook daar veel grotere paaigroepen voor dan de 3 mannen + 3 vrouwen die we in het laboratorium beschikbaar hadden. Bij relatief kleine paaigroepen kan echter, met name bij *P. lateristriga* en *P. nigrofasciatus*, dominantie zwaarder wegen dan dreigen. De evolutie van *P. bandula*, bijvoorbeeld, is goed te begrijpen als gevolg van drastisch kleiner worden van de paaigroepen van hun *P. nigrofasciatus*-achtige voorouder (zie ook deel 1, p.89).

Een risico van dreigen als eerste optie is wel dat je je daarin zo verliest dat het baltsen en paren erbij inschiet, zoals blijkt uit de waarnemingen aan *P. filamentosus*. Eenzelfde risico kleeft overigens aan domineren en territoriumverdediging.

Wat we tot zover gevonden hebben, vatten we nu in een schema samen (fig. D.1).

Tactiek ('repliek') territorium. We suggereerden al dat het claimen van een (contra-)territorium (waardoor een dominant gedwongen kan worden zijn invloedssfeer tot een eigen territorium te beperken) ook een middel kan zijn om meer paringen te scoren. Om hiervoor steun te vinden in de tabellen moeten we de boven al gebruikte paringspercentages in niet-territoriale situaties vergelijken met wel-territoriale in dezelfde series. *P. narayani*, *P. melanampyx* en *P. oligolepis* leveren geschikte gegevens. (Ook hier hebben we alleen 3♂♂3♀♀-groepen ter beschikking).

We vergelijken *P. narayani* zonder territoria, ♂1 dominant en ♂3 inferieur (serie 1(1)) met: twee territoria (van ♂1 groter dan van ♂2) en ♂3 inferieur (serie 1(2)). Zie tabel D.4.

---

[115]Zie deel 1 *pp.* 40–43 waar beschreven wordt hoe de mannen van *P. conchonius* 's morgens vroeg, voor de vrouwen willig worden, in volle kleuren paraderen zonder elkaar lastig te vallen, en hoe ze in alle opzichten een minder agressieve versie van *P. nigrofasciatus* zijn.

[116]Zie deel 1, p. 58.

[117]In tenminste één klein paaigroepje in het veld heerste een pikorde (Kortmulder & Feldbrugge, 1975).

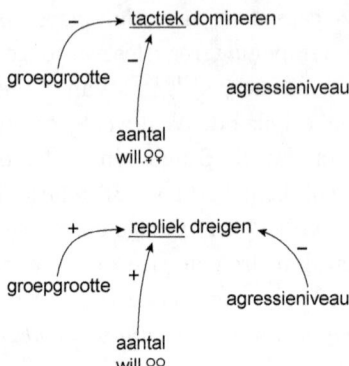

Figuur D.1 – Schematische weergave van factoren die het effect van de tactieken 'domineren', 'dreigen' en territoriumvorming beïnvloeden: + = positief; − = negatief; agressieniveau is typisch voor de soort.

Tabel D.4 – Paringsscores van *P. narayani* zonder territoria (serie 1(1)) en met twee territoria (serie 1(2)).

		♂ dominant	♂2	♂3	n
serie 1(1)	1♀ willig	84%	14%	3%	38
	2♀♀ willig	67%	26%	7%	130
	3♀♀ willig	−	−	−	0
serie 1(2)	1♀ willig	57%	40%	3%	301
	2♀♀ willig	54%	36%	10%	424
	3♀♀ willig	27%	57%	17%	200

Tabel D.5 – Paringsscores van *P. melanampyx* met duidelijke dominantie ♂1 en wisselende plaatsvoorkeuren (serie 2(1)) en met territoria voor ♂1 en ♂2, waarbij die van ♂1 groter is, en ♂3 inferieur maar later ook met territorium (serie 2(2)).

		♂ dominant	♂2	♂3	n
serie 2(1)	1♀ willig	–	–	–	0
	2♀♀ willig	90%	9%	1%	91
	3♀♀ willig	–	–	–	0
serie 2(2)	1♀ willig	85%	12%	3%	323
	2♀♀ willig	65%	32%	4%	352
	3♀♀ willig	56%	32%	13%	224

Conclusie: ♂2 wint mét territorium meer paringen dan zónder, zowel bij één als bij twee willige vrouwen ($p \ll 0,0001$). (Meer willige vrouwen helpt ♂2 en ♂3 ook).

Bij *P. melanampyx* vergelijken we serie 2(1) (dominantie ♂1 duidelijk; wisselende plaatsvoorkeuren) met serie 2(2) (territoria ♂1 en ♂2, van ♂1 groter, en ♂3 inferieur maar later ook territorium). Er is een duidelijk verschil tussen beide tabellen als geheel ($p \ll 0,0001$), en ♂2 boekt winst met het hebben van een territorium ($p = 0,0001399$). Zie tabel D.5.

Eenzelfde uitslag vinden we bij vergelijking van serie 3(1) (♂1 dominant) met serie 3(2) (♂1 en ♂2 territoria, ♂3 schuilt); de twee series verschillen significant ($p \ll 0,0001$), en man 2 wint bij territoriumbezit ($p \ll 0,0001$). Zie tabel D.6.

Conclusie: ♂2 wint mét territorium meer paringen dan zónder, ongeacht het aantal willige vrouwen. Bij derde mannetje helpt territorialiteit nauwelijks. (Meer willige vrouwtjes helpt ♂2 ook ($p = 0,01028$), maar hier houdt dat effect op bij meer dan twee willige vrouwtjes).

Voor *P. oligolepis* kunnen we geen verschillende toestanden binnen één 3♂♂3♀♀-serie vergelijken, wél dito series (met verschillende individuen) onderling. In serie 2(2) verkrijgt ♂1 bij één vrouwtje willig 100% van 152 paringen. Hij beheerst practisch de hele ruimte;

Tabel D.6 – Paringsscores van *P. melanampyx* met dominantie van één man (serie 3(1)) en met territorium van tweede man (serie 3(2)).

		♂ dominant	♂2	♂3	n
serie 3(1)	1♀ willig	96%	2%	2%	48
	2♀♀ willig	100%	0%	0%	23
	3♀♀ willig	89%	11%	0%	9
serie 3(2)	1♀ willig	72%	25%	4%	151
	2♀♀ willig	57%	35%	8%	168
	3♀♀ willig	54%	37%	8%	303

Tabel D.7 – Paringsscores van *P. oligolepis* vergeleken. De series verschillen alléén qua individuen. In serie 2(2) verkrijgt ♂1 bij één vrouwtje willig 100% van 152 paringen (niet afgebeeld). *(% opp. bezet = percentage van beschikbare oppervlak dat door genoemde man bezet wordt).*

		♂ dominant	♂2	♂3	n
serie 1	1♀ willig	84%	15%	1%	308
	2♀♀ willig	44%	22%	33%	9
	% opp. bezet	80-100	0-20	0	
serie 3	1♀ willig	60%	34%	6%	535
	2♀♀ willig	64%	24%	11%	194
	3♀♀ willig	48%	41%	10%	29
	% opp. bezet	60-75	10-25	0	

♂1 en ♂2 hebben allebei soms een heel klein territorium. Daartegenover staan twee andere series. Zie tabel D.7.

Conclusie: bij vergelijking van verschillende series zijn de paringsscores van de mannen navenant hun bezette oppervlak ($r = 0,86$; $p \ll 0,0001$). Het aantal willige vrouwtjes heeft hier weinig invloed op de scores[118]. De sterke neiging van willige vrouwen van deze soort om duidelijk voor de ene of andere man te kiezen speelt hier waarschijnlijk een beslissende rol. (In serie 2(2) dreigen mannen 2 en 3 veel, maar waarschijnlijk voornamelijk onderling. Dat helpt in ieder geval niets).

We mogen als algemene conclusie wel stellen dat het vestigen van een (tegen-)territorium een efficiënt middel is om paringen te veroveren op een dominante man.

Analoog aan de dreig-tactiek kan de territorium-tactiek tot eerste optie voor alle mannen worden. Ook hier zal dat vooral zo zijn bij soorten met grote paaigroepen, die weliswaar uit mannen met ieder een klein territoor opgebouwd kunnen zijn, maar toch samenhangen door onderlinge interacties. Goede voorbeelden daarvan zijn *P. narayani* en *P. ticto*. Voorbeeld waarin dat niet werkt vanwege de grote aanvalskracht van een dominant is *P. melanampyx*. Om deze stellingen te onderbouwen geven we nu de gegevens uit de 6♂♂6♀♀-groepen van deze drie soorten.

Het gedrag van de betreffende groep van *P. narayani* in de 300 x 100cm bak werd sterk bepaald door de beplanting. Deze was met opzet vooral geconcentreerd in een zône tussen 50 cm en 150 cm van de linkerwand. Vóór en achter, boven en onder was deze egaal van dichtheid. Grote trekpleister voor paringen bleek een 'bank' draadalg (± 50 × 35cm) op de bodem, relatief vooraan in de 'groene zône'. Vier mannen groepeerden hun territoria daaromheen; één man (♂3) had zijn territoor in de bovenste helft[119] van de bak (waterhoogte ± 50cm) en ♂6 was zwervend en aan iedereen inferieur. Van mannen 1 t/m 3 kon geen dominantievolgorde worden vastgesteld[120]. Alle drie waren baas in eigen gebied[121]. Terwijl 1 en 2 links en rechts van de algenbank huisden, bevonden mannen 4 en 5 zich ervoor en achter; in hun territoria waren ze ondergeschikt (sub) aan de eerste drie. Een oppervlakwaarde kon aan geen van de territoria gehecht worden vanwege de enorme wederzijdse doordringing (puntterrito-

---

[118]Het schijnbaar grote verschil in serie 1 is *niet significant* door de lage n bij 2♀♀ willig.

[119]De enige ons bekende soort die territoria op twee niveau's kan stapelen.

[120]Net als de mannen 1 en 2 in één van de 3♂♂3♀♀-groepen.

[121]In de tabel is in dit geval ♂1 degeen met de meeste paringen; niet de meest dominante of degeen met het grootste territoor!

Tabel D.8 – Verschillende series paringsscores van *P. narayani* vergeleken. Zie tekst voor een toelichting bij elk van de series. *(terr = territoriaal; sub = subterritoriaal (territorium doordringbaar voor buur); inf = inferieur; wi = willig).*

		♂1	♂2	♂3	♂4	♂5	♂6	n
serie 1(3)	3♀♀ wi	37%	7%	18%	15%	16%	7%	135
serie 1(1)	6♀♀ wi	36%	25%	12%	18%	–	8%	220
serie 1(2)	6♀♀ wi	30%	21%	23%	15%	6%	5%	207
	terr. status:	terr	terr	terr	sub	sub	inf	

ria). Opvallend was verder dat dreiggedrag aanzienlijk prominenter was dan in de 2♂♂2♀♀-groepen.

Doordat de vrouwen ieder ongeveer om de andere dag willig waren en sterk de neiging hadden met elkaar te synchroniseren, hadden we alleen dagen met nul en dagen met 6 willige vrouwen. Voor de laatste periode van de serie — 1(3) — werden daarom drie vrouwen verwijderd, waardoor er situaties met 3 willige vrouwtjes ontstonden.

Van de oorspronkelijk 6 mannen werd er één na korte tijd ziek. Deze werd vervangen door ♂5. Periode 1(2) begint daarmee. De situatie met effectief 5 mannen is periode 1(1). De paringsscores zijn als volgt verdeeld. Zie tabel D.8.

Conclusie: het hebben van een territorium levert winst op ten opzichte van territoriumloos inferieur zijn ($p \ll 0,0001$). 'Baas in eigen gebied' levert meer op dan een territoor dat gemakkelijk door buren geschonden kan worden ($p \ll 0,0001$). Bij 3 willige vrouwen krijgt ♂5 wat meer paringen en ♂2 minder, maar globaal verschuift er niet veel ten opzichte van de situatie met 6 willige vrouwtjes. Afgezien van de relatief hoge score van ♂1 — die zich in status niet opvallend van anderen onderscheidt — en de relatief lage van ♂6 zijn de scores tamelijk gelijkmatig over de mannen verdeeld. Ook bij de 3♂♂3♀♀-groepen was dat opvallend (tabel D.4, p. 136).

Voor *P. melanampyx* verwachten we dus een ander beeld, vanwege de andere verhouding tussen dominantie en territorialiteit. In de 6♂♂6♀♀-groep van deze soort is de dominantie-volgorde van de

Tabel D.9 – Verschillende series paringsscores van *P. melanam-pyx* vergeleken. Zie tekst voor een toelichting bij elk van de series.*(sub/inf = deel van de tijd is deze man subterritoriaal, voor de rest inferieur; opp. = oppervlak; wi = willig).*

		♂1	♂2	♂3	♂4	♂5	♂6	n
serie 1	1♀ wi	52%	33%	5%	11%	0%	0%	132
	2♀♀ wi	40%	38%	4%	13%	4%	1%	168
	3♀♀ wi	34%	38%	6%	7%	13%	3%	109
	terr status:	terr	terr	sub/inf	sub	sub/inf	inf	
	± % opp. bezet	33-17	17-33	klein	17	klein		

mannen stabiel en steeds duidelijk ondanks territorialiteit. Alleen ♂3 en ♂4 wisselen onderling nogal eens van rang. De locaties van de territoria wisselen halverwege tamelijk drastisch, zonder dat dit de pikorde beïnvloedt. De afmetingen van de territoria veranderen daarbij ook, met name die van mannen 1 en 2, maar dat heeft slechts beperkt invloed op de paringsscores (zie onder). In de tabel is dan ook de hele serie samengevat; de mannen staan in volgorde van dominantie. De procenten bezet oppervlak zijn globaal aangegeven, aangezien de grenzen vaag waren en er niet gedreigd werd. Zie tabel D.9.

Conclusie: Het bezit van een territorium is bijna noodzakelijk voor het verkrijgen van paringen — ook voor de mannen 3 en 5 valt de winst in perioden dat ze een klein gebiedje verdedigen - maar het is niet voldoende: de twee meest dominante mannen vangen ieder méér dan ♂4 ($p \ll 0,0001$)[122]; samen hebben ze zelfs bij 3 willige vrouwtjes nog 72% van alle paringen. Bij 2 willige vrouwen is dat 78% en bij 1 vrouw zelfs 85%.

De relatieve scores van ♂1 en ♂2 lijken wel enigszins beïnvloed te worden door de wisseling van locatie en oppervlak, maar niet navenant de respectievelijk bezette oppervlakte ($r = 0,06851$; $p =$

---

[122]Baas in eigen huis wint meer paringen dan sub/inf (sub-territoriaal afgewisseld met inferieur) ($p \ll 0,0001$); subterritoriaal meer dan inferieur ($p \ll 0,0001$). Alleen het verschil tussen subterritoriaal en sub/inf is niet significant ($p = 0,6502$).

Tabel D.10 – De absolute aantallen paringen van ♂1 en ♂2 tijdens de series van *P. melanampyx*, weergegeven in combinatie met de territoriumgrootte. *(terr = territoriaal; opp. = oppervlak)*

	♂1	♂2	♂1	♂2
1♀ willig	29	13	39	30
2♀♀ willig	15	13	52	51
3♀♀ willig	23	23	14	18
terr status:	terr	terr	terr	terr
± % opp. bezet	33	17	17	33

$0,8324$); ♂1 blijft dominant. De absolute aantallen paringen staan in tabel D.10

Bij *P. ticto* valt op dat ze veel, kleine, bezettingsterritoria in een beperkte ruimte kunnen persen. In 3♂♂3♀♀-serie nummer 1 (125 × 40cm) hadden alle drie mannen een gebied, ♂1 in het midden met ruim de helft van het totale oppervlak, de andere twee mannen ieder aan een uiteinde. In nummer 2 (bak idem) verdeelden twee mannen de bak in twee gelijke helften, terwijl de derde man eerst inferieur was, maar later een klein gebiedje aan het ene uiteinde veroverde. De grotere groep bestond per ongeluk uit 7♂♂ en 5♀♀, doordat een relatief bleek mannetje voor een vrouwtje aangezien was. Van die 7 mannen was hij de enige die permanent zonder territorium was. De anderen vormden permanent 5 territoria waarvan er één door twee mannen om beurten een dag bezet was. Dat alles wisten ze te passen in de relatief kleine ruimte van 130 × 65cm (waterhoogte 40 cm).

De territoriumgrenzen waren duidelijk en werden vooral gemarkeerd door pendelgevechtjes[123]. Echter, de territoren bestreken alleen de onderste helft. Kwamen de mannen daarboven, dan heerste een *free-for-all*, waarin dominantie een rol speelde[124]. Merkwaardi-

---

[123]Dat is: om beurten aanvallen en vluchten langs een lijn door het midden van beide gebieden.

[124]In de eerste 3♂♂3♀♀-groepen bijvoorbeeld was ♂1 bovenin dominant over de andere twee.

Tabel D.11 – De paringsscores in de eerste 3♂♂3♀♀-serie van *P. ticto.*

periode	♂1	♂2	♂3	n
1.	67%	4%	29%	24
2.	42%	42%	17%	12
3.	52%	30%	18%	50
4.	59%	35%	6%	17
5.	40%	52%	8%	25
6.	32%	24%	44%	25
7.	11%	73%	16%	37
8.	26%	52%	22%	50
± % opp. bezet	52	27	21	

gerwijze had het gros van de paringen plaats vlak onder het wateroppervlak. Mannen leidden gewoonlijk vrouwtjes omhoog, en de willige vrouwtjes gingen ook uit zichzelf naar hogere waterlagen. Dat er in de 7♂♂5♀♀-serie toch enig verband leek te zijn tussen territoriumoppervlak en paringsscore komt waarschijnlijk mede doordat de stevigste territoriumbezitters ook de meest dominante waren.

In de eerste 3♂♂3♀♀-serie werden, bij 1♀ willig, de scores gemeten[125] die zijn weergegeven in tabel D.11

Conclusie: ♂3, die het kleinste gebied heeft en zelfs wel eens een dag inferieur is, vangt minder paringen (totaal ≥49) dan de andere twee[126]. ♂1 en ♂2 winnen ongeveer evenveel paringen (respectievelijk ≥92 en ≥99 totaal), ondanks het grotere gebied en de dominantie van ♂1[127]. De correlatie tussen bezet oppervlak en paringsscore is net niet significant ($r = 0,06851$; $p = 0,08404$).

---

[125] De n's moesten teruggerekend worden uit de percentages. Dat betekent dat ze in de tabel een *minimum*-waarde aangeven: veelvouden zijn mogelijk, maar kleiner kunnen ze niet geweest zijn! De tabel geeft niettemin aan dat de aantallen redelijk waren.

[126] Het tekentje ≥ (minstens zo groot als) bij de getallen in deze alinea is nodig omdat de aantallen paringen (n) ook hoger geweest kunnen zijn (zie vorige noot).

[127] De totalen over de acht perioden kunnen weliswaar niet goed berekend worden door de onzekerheid in de n's. Duidelijk is wél dat beíde mannen wel eens aan het langste eind trekken, ♂2 vaker dan ♂1.

Het lijkt dat bij *P. narayani* en *P. ticto* het belang van territoriumbezit niet zozeer zit in de grootte van het perceel, maar eerder een manier is om mee te kunnen blijven doen in de groep. Een inferieur zonder vaste plek loopt het gevaar uit de groep verdreven te worden — als er geen aquariumwanden zijn die dat verhinderen. Interessant is dat zo'n territoriaal belang kan bestaan in zo verschillende territoriumvormen als die van *P. narayani* (puntterritoor) en *P. ticto* (klein bezettingstype). Met enig vertrouwen voegen we *P. reval* hieraan toe, al kunnen we dat niet ondersteunen met geregistreerde paringsscores. Wel slaagden alle 6 mannen van deze soort erin territoria te vestigen in een ruimte van 130 x 65 cm. De wederzijdse doordringing is bij hen enorm (puntterritoria) en de individuele plaats-claims worden uitsluitend gehandhaafd door wisselende aanval en vlucht.

Tegenover deze drie soorten staat *P. melanampyx*; bij deze hoogagressieve soort doordringt de dominantie-volgorde zelfs de grote bezettingsterritoria, met navenant voordeel in paringsscore. *P. tetrazona* sluit zich in grote trekken aan bij *P. melanampyx*. Hoewel er geen paringsscores geteld zijn is duidelijk dat de enige situatie waarin een *P. tetrazona*-man een paringssucces van betekenis kan boeken binnen de grenzen van een eigen, redelijk groot territorium ligt. Ook bij deze soort blijft een territorium doordringbaar voor een meer dominante buurman. De configuratie met twee grote territoren, terwijl de rest hardnekkig kleine gebiedjes blijft verdedigen komt hier alleen voor in een 130×65cm bak (waterhoogte 40 cm). In een ruimte van 300×60 cm (waterhoogte 45 cm) of groter kon iedere man ruimte genoeg voor een territorium vinden[128].

Tactiek landjepik

Het schema van fig. D.1 ziet er nu uit als afgebeeld in fig. D.2. In de bovenstaande tabellen van *P. oligolepis* hebben we de oppervlakten van de territoria niet alleen opgegeven omdat ze bij deze soort met

---

[128]Een opvallende trek bij *P. tetrazona* is het 'inwonen' van een *qua* hiërarchie laag-geklasseerd mannetje in het grote territorium van een 'hoge'. Zo'n inwoner maakt verzoeningsgebaren als de eigenaar hem benadert. Is de laatste tijdelijk elders, dan verdedigt hij het gebied tegen derden, en baltst hij er ook. Baltst de eigenaar 'thuis', dan kan hij proberen te hinderen. Dezelfde tactiek komt overigens ook geregeld bij *P. arulius* voor (zie onder).

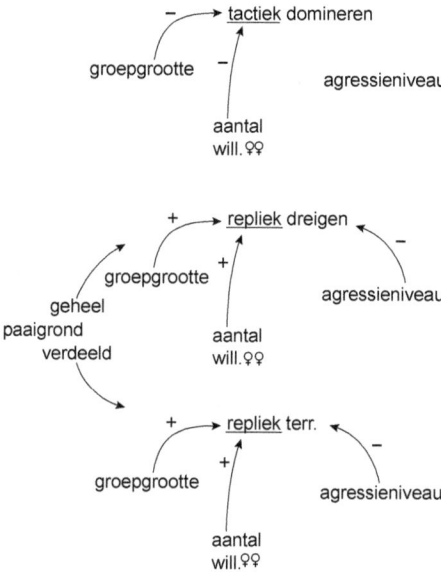

Figuur D.2 – Schematische weergave van factoren die het effect van de tactieken 'domineren', 'dreigen' en 'territoriumvorming' beïnvloeden: + = positief; − = negatief; agressieniveau is typisch voor de soort; tactiek (repliek) 'territorium'. 'terr.' = (tegen)territorium.

zijn duidelijke grenzen relatief makkelijk te meten zijn, maar ook in verband met de specialiteit — die ze delen met *P. titteya* — om vanuit een relatief bescheiden begin geleidelijk op te dringen ten koste van de buren. Als we dat landjepik-spelen als een aparte tactiek willen aanmerken, dan is essentiëel om aan te tonen dat groter oppervlak grotere relatieve paringsscore oplevert. In de boven besproken $3\sigma\sigma\varphi\varphi$-series ging die stelling op, zij het bij vergelijking *tussen* series. We hebben echter ook nog — zelfs 4 — $6\sigma\sigma6\varphi\varphi$-series van deze soort, en ook één van *P. titteya*.

Beginnen we met *P. oligolepis*. De scores van deze series zetten we in volgorde van territoriumgrootte (tabel D.12). (In tabel D.7 op p. 138 staan ze in volgorde van dominantie).

Het resultaat van serie 1(1) verschilt niet veel van 1(2), behalve de hoge score van σ1 bij 2 willige vrouwtjes, mogelijk een effect van

Tabel D.12 – Serie 1 van de paringsscores van *P. oligolepis*, met de mannen gesorteerd op territoriumgrootte in plaats van op dominantie (zie tabel D.7). Toelichting: opp. = oppervlak; wi = willig.

		♂1	♂3	♂4	♂2	♂5	♂6	n
serie 1(2)	1♀ wi	76%	12%	1%	3%	6%	2%	184
	2♀♀ wi	38%	34%	1%	4%	14%	8%	345
	3♀♀ wi	67%	0%	11%	0%	11%	11%	27
	% opp. bezet	50	15	15	10	0	0	
serie 1(1)	1♀ wi	74%	18%	2%	2%	4%	0%	50
	2♀♀ wi	81%	7%	1%	4%	7%	0%	100
	3♀♀ wi	57%	14%	14%	7%	7%	0%	14
	% opp. bezet 1(1) ≈ 1(2), maar grenzen onduidelijk.							

Tabel D.13 – Serie 2 van de paringsscores van *P. oligolepis*, met de mannen gesorteerd op territoriumgrootte in plaats van op dominantie (zie tabel D.7). Toelichting: opp. = oppervlak; wi = willig.

		♂2	♂4	♂1	♂3	♂6	♂5	n
serie 2(2)	1♀ wi	10%	24%	0%	48%	3%	15%	100
	2♀♀ wi	7%	36%	0%	43%	0%	14%	14
	% opp. bezet	30	25	10	5	5	0	
serie 2(3)	1♀ wi	7%	31%	0%	40%	2%	19%	86
	2♀♀ wi	0%	33%	0%	40%	24%	2%	42
	% opp. bezet	30	25	10	5	5	0	
serie 2(1)	1♀ wi	0%	5%	0%	86%	0%	10%	21
	2♀♀ wi	8%	8%	0%	73%	0%	12%	26
	3♀♀ wi	2%	7%	0%	41%	17%	32%	96
	% opp. bezet ≈ 2(2) en 2(3) maar onduidelijk.							

dominantie. In beide series hangt het aandeel in de paringen samen met de territoriumgrootte (voor 1(1): $r = 0,9345$; $p \ll 0,0001$; voor 1(2): $r = 0,8284$; $p \ll 0,0001$). Het resultaat van serie 2 staat in tabel D.13 Dit ziet er heel anders uit dan de uitkomst van serie 1! Alleen serie 2(1) laat een verband zien tussen territoriumoppervlak en aandeel in de paringen ($r = 0,7873$; $p = 0,0001052$). Bij de andere twee series is dat niet zo (voor 2(2): $r = 0,0000$; $p = 0,9776$; voor 2(3): $r = 0,06442$; $p = 0,8423$). Er zijn echter redenen om deze serie als anomaal te beschouwen. De meest dominante man, ♂1 (overal dominant, klein territorium) scoort nul paringen, baltst zelfs niet en fladdert vaak tegen de ruit alsof hij weg wil. Intussen frustreert hij door zijn agressieve dominantie de activiteiten van de andere mannen. Waarom ♂3 (heel klein territorium)en ♂5 (zonder territoor) daar veel minder last van lijken te hebben dan de mannen met de grotere gebieden (♂2 en ♂4) is niet duidelijk. Wellicht ambiëren de laatste twee ieder de rol van 'grootgrondbezitter' en worden ze juist daardoor het meest gehinderd door de agressie van ♂1.

Om een objectieve basis te geven aan het verwerpen van serie 2, hebben we nog twee 6♂♂6♀♀-series gedaan, met allemaal andere individuen[129] (ook tussen de twee series).

In serie 3 verdelen twee mannen de 3-meter bak met ieder 50 procent. Een derde man heeft een klein gebiedje (sub) waar de grote buurmannen dominant over hem zijn (tabel D.14).

Bij één vrouw willig verdelen de twee 'grootgrondbezitters' 80% van de paringen, bij twee willige vrouwtjes nog 67% (Dat verschilt significant van gelijke verdeling onder alle mannen; in beide gevallen geldt $p \ll 0,0001$). Opvallend is verder dat ♂4 'handiger' profiteert van de geboden kansen dan de overige inferieuren of de subterritoriale man. Zulke individuele verschillen zijn ook te zien in serie 1 van deze soort (zie boven).

In serie 4 wisselden de dominantierangorde zowel als de territoriumgrootte en -plaats een paar keer tussen de individuen (tabel D.15). We geven hier alleen de globale territoriale status (die voor iedere periode gelijk is aan de pikorde).

---

[129]Tijdens een studiecursus; de gegevens zijn wat minder volledig, maar wel relevant.

Tabel D.14 – Serie 3 van de paringsscores van *P. oligolepis*, met de mannen gesorteerd op territoriumgrootte in plaats van op dominantie (zie tabel D.7). Toelichting: opp. = oppervlak; wi = willig; sub = subterritoriaal. d.i. territoor doordringbaar voor buur.

		♂1	♂2	♂3	♂4	♂5	♂6	n
serie 3	1♀ wi	49%	31%	0%	12%	6%	2%	51
	2♀♀ wi	49%	18%	10%	18%	0%	6%	72
	% opp. bezet	50	50	sub	0	0	0	
				klein				

Tabel D.15 – Serie 4 van de paringsscores van *P. oligolepis*, met de mannen gesorteerd op territoriumgrootte in plaats van op dominantie (zie tabel D.7). Toelichting: opp. = oppervlak; wi = willig; terr! = dominant met groot territorium; terr = dominant met kleiner territorium; sub = subterritoriaal. d.i. territoor doordringbaar voor buur; inf = inferieur zonder territorium. Alle gegevens met één vrouw willig.

	♂3	♂1	♂4	♂2	♂5	♂6	n
serie 4(1)	22%	46%	0%	34%	0%	0%	37
terr status:	terr!	terr!	sub	(sub)	inf	inf	

	♂1	♂2	♂3	♂4	♂5	♂6	n
serie 4(3)	16%	84%	0%	0%	0%	0%	32
terr status:	terr!	terr!	terr	inf	inf	inf	

	♂2	♂1	♂3	♂2	♂5	♂6	n
serie 4(4)	30%	64%	3%	3%	0%	0%	33
terr status:	terr!	terr!	terr	inf	inf	inf	

Tabel D.16 – De paringsscores van *P. titteya*. Toelichting: opp. = oppervlak. Meer dan 1 willige vrouw tegelijk in dezelfde ruimte komt zelden voor bij *P. titteya*.

		♂1	♂2	♂3	n	duur
1♀ willig		63%	38%	0%	8	30'
		100%	0%	0%	6	30'
		59%	38%	3%	32	100'
		61%	39%	0%	38	60'
		83%	17%	0%	23	60'
		13%	88%	0%	8	60'
		51%	49%	0%	39	145'
		92%	8%	0%	12	30'
		71%	29%	0%	24	60
		70%	30%	0%	23	90'
	totaal	64%	35%	0,5%	213	665'
2♀♀ willig		55%	18%	27%	11	30'
	± % opp. bezet	≥50	≤50	0		

Conclusie: de winst gaat bijna geheel naar de twee 'grootgrond-bezitters' ($p \ll 0.0001$), behalve ♂2 in periode 4(1), maar die wordt later één van de twee groten. Hij schuift steeds verder naar links in het aquarium terwijl ♂3 gedegradeerd raakt.

Als we series 1, 3 en 4 samen beschouwen, lijkt de stelling dat een groter territorium een hogere paringsscore levert behoorlijk onderbouwd.

Verdere evidentie leveren de waarnemingen met paringsscores van *P. titteya*. In de betreffende 3♂♂3♀♀-serie hadden ♂1 en ♂2 de ruimte aanvankelijk gelijkelijk verdeeld, maar trok de laatste zich terug en werd practisch inferieur zolang er geen willige vrouwtjes waren, om zich weer te vestigen als er gepaard kon worden. Bij heel hoge activiteit kwam hij weer tot 50% van de ruimte. Man 3 was inferieur. De geregistreerde paringsscores zijn weergegeven in tabel D.16

Conclusie: De paringsscore is navenant het bezette oppervlak[130], maar de verhouding tussen ♂1 en ♂2 is variabel. Een belangrijke factor is dat vrouwen van deze soort vaak duidelijk kiezen voor het ene of het andere territoor. Grote territoria zijn bij hen zeer in trek. De territoriumloze man (3) is practisch kansloos, behalve als twee vrouwen tegelijk willig zijn. Mogelijk profiteert hij dan van lange dreigpartijen tussen de andere twee.

De grote groep *P. titteya* in de 3×1 meter bak bestond aanvankelijk uit 5 mannen en 3 vrouwen, later aangevuld met nog 3 vrouwen. Op het laatst van de serie overleed man 5. (Dat betrof alleen de laatste waarneming met 2 willige vrouwen; zie tabel D.17).

Eerst een kort verslag van de gebeurtenissen in deze groep. Na enkele dagen met wisselende territorium-claims, vestigt ♂1 zich aan het linker-uiteinde van de bak en bezet dan 10 à 20% van het totale oppervlak. In de dagen daarna dringt hij geleidelijk op tot hij tenminste 75% beheerst, de andere 4 mannen in de rest van de ruimte samengedrongen. Als hij ± 50% heeft, claimen eerst ♂2, daarna ♂3 tijdelijk de andere helft (geen paringen geteld), maar meestentijds hebben alle 4 mannen dan nog een klein territoor. De favoriete te bezetten plek voor de andere mannen is een laag plantenbosje rechts voorin bij de bodem. Om die plek concurreren 3 mannen. Zij wisselen elkaar er van tijd tot tijd af, en wel in pais en vree, zonder dat erom gevochten wordt. Ook in de open ruimte in het laatste vrije gebied zijn mannen onder veel dreigen territoriaal, en ook daar hebben geregeld territorium-uitwisselingen plaats waarbij twee mannen zonder slag of stoot hun plaatsen ruilen![131]

In tabel D.17 met paringsscores is de groei van het gebied van ♂1 te volgen. Aanvankelijk deelt hij de winst, zelfs bescheiden. Van de vierde waarneming af is zijn veldtocht voltooid, en zijn de luttele paringen die hij misloopt voor rekening van het mannetje dat op dat moment het kleine gebiedje rechtsvoor heeft. De totalen in tabel D.17 zijn berekend beginnende bij de vierde reeks.

Conclusie: De paringsscores zijn navenant het bezette oppervlak. De man met het supergrote territorium vangt bijna alles, terwijl zijn score in de eerste dagen ruwweg oploopt met de groei van zijn

---

[130]Doordat de oppervlakte-percentages erg globaal zijn, is een correlatieberekening hier minder zinvol. Daarom zijn de verschillen tussen de mannetjes

Tabel D.17 – De paringsscores van *P. titteya*, vervolg. serie 1(1): 5♂♂3♀♀; serie 1(2): 5♂♂6♀♀. Toelichting: wi = willig; v.a. 4de = geteld vanaf de vierde serie)..

		♂1	♂2	♂3	♂4	♂5	n	duur
serie 1(1)	1♀ wi	29%	0%	57%	0%	14%	7	20'
		0%	13%	87%	0%	0%	23	30'
		46%	54%	0%	0%	0%	37	60'
		87%	6%	6%	0%	0%	31	30'
		90%	10%	0%	0%	0%	21	60'
		100%	0%	0%	0%	0%	20	30'
		97%	3%	0%	0%	0%	31	30'
		60%	33%	3%	0%	3%	30	30'
serie 1(2)	1♀ wi	75%	0%	25%	0%	0%	8	30'
		100%	0%	0%	0%	0%	18	30'
	totaal v.a. 4de:	87%	9%	3%	0%	1%	159	240'
	2♀♀ wi	96%	4%	0%	0%	0%	26	
		80%	20%	0%	0%	0%	25	
	totaal	88%	12%	0%	0%	0%	51	

gebied. In beide totalen (1♀ willig vanaf 4de dag respectievelijk 2♀♀ willig) wint ♂1 meer dan wie ook ($p \ll 0,0001$). Dit komt voor een belangrijk deel doordat een willige vrouw aangetrokken wordt door het grote territoor[132]. Is zij eenmaal binnen, dan bewegen eigenaar en vrouw zich onopvallend door de vegetatie en laten zich zelfs niet meer storen door indringers. De man verliest een groot deel van zijn rode kleur, waardoor hij nog minder opvalt. Ondanks de immuniteit van beiden voor storing zijn de paringsscores relatief laag. Eén paring per minuut is al heel veel; vrijwel nooit vallen twee paringen vlak na elkaar. Voor iedere paring moet blijkbaar

---

2 aan 2 getoetst: ♂1 tegen ♂2: $p = 0,01042$; ♂1 tegen ♂3: $p \ll 0,0001$; ♂2 tegen ♂3: $p = 0,0001505$.

[131]Een eigenaardigheid die ik eerst niet wilde geloven toen de studenten het mij vertelden. ik heb het daarna echter zelf zien gebeuren.

[132]Voor de rest doordat de situatie met twee of meer willige vrouwen tegelijk bij deze soort zo zeldzaam is.

langdurig gebaltst worden. Deze lage en quasi-regelmatige paar-
frequentie is typisch voor *P. titteya*[133].

We mogen wel concluderen dat, voor *P. oligolepis* en *P. titteya*,
vergroting van het eigen territorium ten koste van de buren een groot
selectief voordeel biedt.

Hier schrijft een lezer in de kantlijn: "en *P. arulius* dan?" Inderdaad, de gegevens van die soort komen in dit verhaal niet voor.
De redenen daarvoor zijn de volgende: (a) de getallen die we hebben zijn tamelijk klein; (b) de situaties in zowel de 3♂♂3♀♀- als
de 6♂♂6♀♀-series waren ingewikkeld, onder anderen doordat hoogstens de meest dominante man iets had dat op een territorium leek,
én doordat de rest van de individuen (mannen en vrouwen) de neiging hadden samen te klonteren in het gebied van de eerste. Als
er gepaard werd, ving de dominante lang geen 100% en soms niet
eens de meeste. Pas toen er in de 300 × 100 cm bak een markante
drijfplant (Eikebladvaren, *Ceratopteris*) aangeboden werd, werd die
prompt tot focus van een echt territoor van ♂1 en, hoewel het sa-
menklonteren aldaar nog toenam, veroverde hij ook vrijwel 100%
van de paringen (totaal 26 van 27 in twee sessies; vgl. p. 126)!

Behalve het boven aangeduide 'inwonen', vertoonden de niet-dominante mannen van *P. arulius* meer tactieken, zoals 'handig en
flexibel', die we al bij *P. oligolepis* tegenkwamen.

Voor we het schema van figuren D.1 en D.2 definitief aanvullen
(figuur D.3), kunnen we nog een derde tactiek voor niet-dominante
mannen noemen: helemaal niet deelnemen aan de vijandige interacties tussen de mannen, maar alle tijd en energie in balts stoppen.
Dat is bij, relatief zeldzame, individuele mannen *P. nigrofasciatus*
waargenomen, zowel in het aquarium als in de natuur. Zulke mannen
worden niet zwart, maar verliezen wel min of meer hun dwarsbanden,

---

[133]Bovendien legt het *P. titteya*-vrouwtje weinig, vaak maar één ei per paring.
P. oligolepis-vrouwen hebben een andere manier om de aantallen gelegde eieren
per tijdseenheid laag te houden. Zij produceren wél meerdere eieren per paring
en kunnen wél twee of meer keren snel achtereen paren, maar daartegenover
lassen ze geregeld minutenlange (tot meer dan een half uur) pauzes in waarin
ze wel alle tekenen van willigheid vertonen — de mannen gaan dan ook gewoon
door met bebaltsen — maar alsmaar op het cruciale moment het niet tot paring
laten komen. Geen van beide manieren van 'zuinigheid' is van enige andere
barbelensoort bekend.

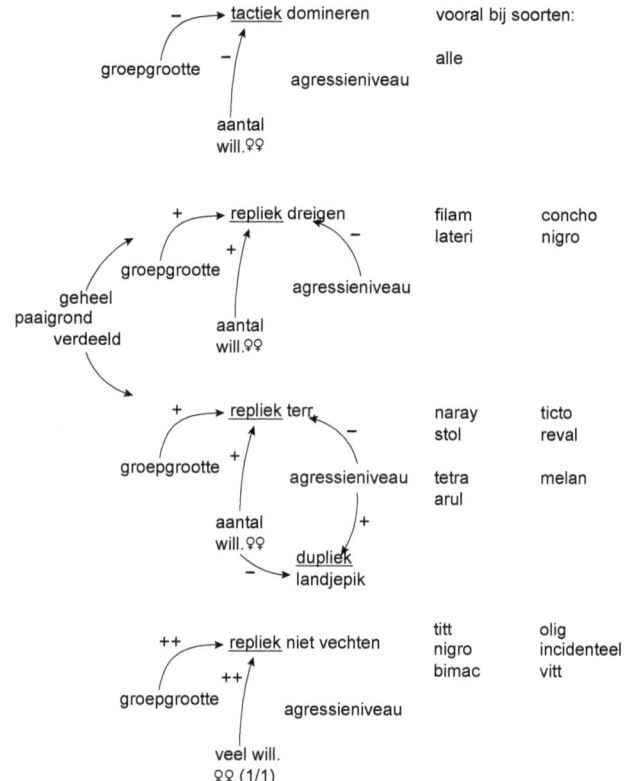

Figuur D.3 – Schematische weergave van factoren die het effect van de tactieken 'domineren', 'dreigen', 'territoriumvorming', 'landje-pik' en 'niet-vechten' beïnvloeden: + = positief; − = negatief; agressieniveau is typisch voor de soort; tactiek (repliek) 'territorium'. 'terr.' = (tegen)territorium. 'landjepik' (dupliek) en 'niet-vechten' (repliek). terr. = (tegen)territorium; 1/1 = evenveel vrouwen als mannen. In de rechterkolom staan de soorten voor welke de diverse tactieken vooral van belang zijn: filam = filamentosus; concho = conchonius; lateri = lateristriga; nigro = nigrofasciatus; naray = narayani; stol = stoliczkanus; tetra = tetrazona; melan = melanampyx; arul = arulius; titt = titteya; olig = oligolepis; bimac = bimaculatus; vitt = vittatus. 'Dupliek': zie verklarende woordenlijst.

zodat ze geheel bleek en rood zien. De tactiek kan heel succesvol zijn als er veel willige vrouwtjes zijn. Vooral voor veel massaal paaiende Cypriniden zoals die in Europa en Noord-Amerika voorkomen lijkt hij relevant. Ook echter voor de barbelen *P. bimaculatus* en *P. vittatus*, wier vecht- en territoriaal gedrag sterk gereduceerd is. Bij hen niet vanwege grote paaiaggregaties, maar in verband met de heel specifieke omstandigheden waaronder ze zich voortplanten[134].

Nu kunnen we het schema van de vorige figuren volledig maken (fig. D.3).

Hier eindigt de vierde en laatste Appendix. We verwijzen de lezer graag weer terug naar de hoofdtekst. Een overzicht en interpretatie van de parinsscores staat in hoofdstuk V. Daarna volgen nog hoofdstukken VI, VII en VIII waarin we de resultaten uit alle vier artikelen (Appendix A t/m D) nog eens van verschillende kanten bekijken.

---

[134]Bij *P. bimaculatus* heeft het te maken met de voortbewegingsdrang van de willige vrouwtjes en de noodzaak voor een baltsende man niet het contact met haar te verliezen door schermutselingen met sexegenoten. Bij *P. vittatus* speelt mogelijk het geringe zicht in de moerassige laaglandmilieu's en de afwezigheid van paaiaggregaties een rol, waardoor een man direct moet reageren op ieder willig vrouwtje in de buurt, zonder tijd te verliezen aan territoriale of concurrerende gevechten. Zie voor beiden ook deel 1, *pp.* 85*ff*; 99.

Appendix E

Soortnamen zoals gebruikt in dit boek

Een overzicht van soortnamen zoals gebruikt in dit boek, momenteel nieuwe (Eschmeyer, online), en populaire namen

Puntius arulius tambraparniei Silas 1954
  Dawkinsia tambraparniei (Silas 1954)
Puntius bandula Kottelat & Pethiyagoda 1991
  Pethia bandula (Kottelat & Pethiyagoda 1991)
Puntius bimaculatus (Bleeker 1863)
  Puntius bimaculatus (Bleeker 1863)
    Vinstipbarbeel
Puntius conchonius (Hamilton 1822)
  Pethia conchonius (Hamilton 1822)
    Prachtbarbeel
Puntius cumingii (Günther 1868)
  Pethia cumingii (Günther 1868)
    Cuming's barbeel; Geelvincumingii
Puntius dorsalis (Jerdon 1849)
  Puntius layardi (Günther 1868)
    Langsnuitbarbeel
Puntius filamentosus (Valenciennes 1844)
  Dawkinsia singhala (Duncker 1912)
    Filamentbarbeel

Puntius gelius (Hamilton 1822)
  Pethia gelius (Hamilton 1822)
    Golden dwarf barb
Puntius lateristriga (Valenciennes in Cuvier & Valenciennes 1842)
  Barbodes lateristriga (idem)
    Letter-T-barbeel
Puntius melanampyx (Day 1865)
  Haludaria melanampyx (Day 1865)
    Nekbandbarbeel
Puntius narayani (Hora 1937)
  Pethia narayani (Hora 1937)
    Narayan's barbeel
Puntius nigrofasciatus (Günther 1868)
  Pethia nigrofasciata (Günther 1868)
    Purperkop(barbeel)
Puntius oligolepis (Bleeker 1853)
  Oliotus oligolepis (Bleeker 1853)
Puntius padamya (Kullander & Britz 2008)
  Pethia padamya (Kullander & Britz 2008)
    'Odessabarbeel'
Puntius phutunio (Hamilton 1822)
  Pethia phutunio (Hamilton 1822)
Puntius reval Meegaskumbura *et al.* 2008
  Pethia reval (Meegaskumbura *et al.* 2008)
    Cuming's barbeel; Roodvincumingii
Puntius stoliczkanus (Day 1871)
  Pethia stoliczkana (Day 1871)
    Stoliczka's barbeel
Puntius tetrazona (Bleeker 1855)
  Puntigrus tetrazona (Bleeker 1855)
    Sumatraan
Puntius ticto (Hamilton 1822)
  Pethia melanomaculata (Deraniyagala 1956)
Puntius titteya Deraniyagala 1929
  Puntius titteya Deraniyagala 1929
    Kersrode barbeel
Puntius vittatus Day 1865
  Puntius vittatus Day 1865

Appendix F

Soorten en namen van studenten

P. arulius	Hans Hendriks
P. bandula	Johan Mols
	Arjan Bijleveldt
P. bimaculatus	Tjaan Bharos
P. filamentosus	Marian Spaay-Nota
	Jaco Voorham
P. lateristriga	Ingrid Klay
	Jaco Voorham
	Albert Vreeke
	Fons Wesseling
P. melanampyx	Olga Schreij-Visser
P. narayani	Paul Vos
P. oligolepis	Nico Roodbol
	Mark Houdijk
	Loes van Aanhout
	Lodie Kerkhof
	Laura Kooistra
	Dirk-Jan Sloot
P. phutunio	Minttu Hannonen
P. ticto	Jalb Schut
P. titteya	Henk van Willigen
P. vittatus	Alexander Drijver

Appendix G

Aquariumformaten van waarnemingen aan groepen

* 5♂♂6♀♀ → 6♂♂6♀♀ → 6♂♂3♀♀.

** één van de groepen van baktype (3) hierheen verhuisd.

*** zelfde groep met twee extra vrouwen.

maten zijn gegeven als lengte × breedte × hoogte.

(1) 60cm 60 × 35 × 35cm vooruit; andere wanden dicht.

(2) 125cm 125 × 40 × 50cm; ruiten aan vier zijden; metalen frame.

(3) 130cm 130 × 65 × 60cm; ruiten aan vier zijden; metalen frame.

(4) 3m1 300 × 60 × 50cm; vooruit; andere wanden dicht.

(5) 3m2 300 × 100 × 50cm; vooruit; andere wanden dicht.

(6) 4m 400 × 100 × 100cm; vooruit; andere wanden dicht.

soort	groep	aantal	aquarium
P. arulius	6♂♂6♀♀	1	(5)
	3♂♂3♀♀	1	(2)
	2♂♂2♀♀	2	(2)
P. bandula	3♂♂3♀♀	1	(3)
P. bimaculatus	6♂♂6♀♀	1	(5)
	3♂♂3♀♀	1	(5)
	3♂♂3♀♀	12	(2)
P. conchonius	6♂♂6♀♀	1	(3)
	2♂♂2♀♀	5	(1)

	2♂♂ en 3♂♂	diverse	(1)
P. cumingii (geel)	5♂♂3♀♀	1	(5)
P. filamentosus	3♂♂3♀♀	4	(2)
	2♂♂2♀♀	2?	(2)
P. lateristriga	3♂♂3♀♀	1	(5)
	2♂♂2♀♀	1?	(2)
P. melanampyx	6♂♂6♀♀	1	(5)
	3♂♂3♀♀	3	(2)
	2♂♂2♀♀	4	(1)
P. narayani	6♂♂6♀♀*	1	(5)
	3♂♂3♀♀	3	(2)
	2♂♂2♀♀	4	(1)
P. nigrofasciatus	6♂♂6♀♀	1	(6)
	6♂♂6♀♀	2	(3)
	2♂♂3♀♀	diverse	(2)
	2♂♂2♀♀	6	(1)
	2♂♂ en 3♂♂	diverse	(1)
P. oligolepis	6♂♂6♀♀	4	(5)
	3♂♂3♀♀	3	(2)
	2♂♂2♀♀	6	(1)
P. reval	6♂♂6♀♀	1	(3)
	2♂♂2♀♀	6	(1)
	2♂♂ en 3♂♂	diverse	(1)
P. stoliczkanus	6♂♂6♀♀	1	(3)
	2♂♂2♀♀	4	(1)
	2♂♂ en 3♂♂	diverse	(1)
P. tetrazona	6♂♂6♀♀	1	(6)
	6♂♂6♀♀	1	(4)**
	6♂♂6♀♀	2	(3)
	5♂♂3♀♀	1	(5)
	5♂♂5♀♀	1	(5)
	2♂♂2♀♀	5	(1)
	2♂♂ en 3♂♂	diverse	(1)
P. ticto	7♂♂5♀♀	1	(3)
	3♂♂3♀♀	1	(2)
	2♂♂2♀♀	3	(1)
P. titteya	5♂♂3♀♀	1	(5)

	5♂♂6♀♀ ***	1	(5)
	3♂♂3♀♀	1	(5)
	3♂♂3♀♀	2	(2)
	2♂♂2♀♀	1	(1)
P. vittatus	6♂♂6♀♀	1	(5)
	2♂♂2♀♀	5	(1)

Overige soorten in willekeurige gemengde groepen in (2).

Literatuur

CHANCE, M. (1984). A biological systems synthesis of mentality and the nature of the two modes of mental operation: hedonic and agonic. *Man-environment Systems* **14**, 143–157.

CHANCE, M. (ed.) (1988). *Social Fabrics of the Mind.* Hove: Lawrence Erlbaum.

CHANCE, M. & JOLLY, C. (1970). *Social Groups of Monkeys, Apes and Men.* New York: E.P.

DAWKINS, R. (1976). *The Selfish Gene.* Oxford: Oxford University Press.

DE SILVA, S., SCHUT, J. & KORTMULDER, K. (1985). Reproductive biology of 6 *Barbus* species indigenous to Sri Lanka. *Env. Bio. Fish* **12**(3), 201–218.

DERANIYAGALA, P. (1929). Two new freshwater fishes. *Spol. Zeyl.* **15**(2), 73–77.

DUNHAM, D., KORTMULDER, K. & VAN IERSEL, J. (1968). Threat and appeasement in *Barbus stoliczkanus* (*Cyprinidae*). *Behaviour* **30**(1), 15–26.

ESCHMEYER, W. (online). *Catalogue of Fishes.* California Academy of Sciences.

HUNTINGFORD, F. (1976). The relationship between inter-and intraspecific aggression. *Animal Behaviour* **24**(3), 485–497.

163

KOOLHAAS, J., DE KORTE, S., DE BOER, S., VAN DER VEGT, B., VAN REENEN, C., HOPSTER, H., DE JONG, I., RUIS, M. & BLOKHUIS, H. (1999). Coping styles in animals: current status in behavior and stress-physiology. *Neuroscience and Bio-behavioral Reviews* **23**(7), 925–935.

KORTMULDER, K. (1972). A comparative study in colour patterns and behaviour in seven Asiatic *Barbus* species. *Behaviour Suppl.* **19**(xiii), 331 pp.

KORTMULDER, K. (1981). Etho-ecology of seventeen *Barbus* species (*Pisces*; *Cyprinidae*). *Netherlands Journal of Zoology* **32**(2), 144–168.

KORTMULDER, K. (1986). Similar behaviour and colour patterns in three not closely related barbus species. is evolutionary convergence a likely explanation? *Behaviour* **98**(1), 180–212.

KORTMULDER, K. (1987). Cross-bars and Protean displays: a question of fragmentation. In: *Advances in Aquatic Biology and Fisheries: Prof. N.B. Nair Felicitation Volume* (NATARAJAN, P., ed.).

KORTMULDER, K. (1998). *Play and Evolution; second thoughts on the behaviour of animals.* Utrecht: International Books.

KORTMULDER, K. (2005). Bin gettiyâ, ofwel *Barbus dorsalis* (jerdon, 1849), de langsnuitbarbeel. *Het Aquarium* **76**(1), 30–33.

KORTMULDER, K. & FELDBRUGGE, E. (1975). Een gecombineerd veldonderzoek aan gedrag van barbelen rn chemische samenstelling van natuurlijke wateren in Ceylon en Malakka. Tech. rep., Verslag voor WOTRO; In Dutch with English summaries; limited circulation.

KORTMULDER, K., FELDBRUGGE, E. & DE SILVA, S. (1978). A combined field study of *Barbus* (= *Puntius*) *nigrofasciatus* Günther and water chemistry of its habitat in Sri Lanka. *Neth. J. Zool.* **28**(1), 111–131.

KORTMULDER, K., PADMANABHAN, K. & DE SILVA, S. (1990). Patterns of distribution and endemism in some Cyprinid fishes as determined by the geomorphology of South-west Sri Lanka and South Kerala (India). *Ichtyol. Explor. Freshwaters* **1**(2), 97–112.

KORTMULDER, K. & ROBBERS, Y. (2005). *The Agonic and Hedonic Styles of Social Behaviour.* Lampeter, Queenston, Lewiston: The Edwin Mellen Press.

KORTMULDER, K. & ROBBERS, Y. (2011). *Barbelenverhalen; vissen in tropisch water.* Brussels: Academic Scientific Publishers.

KULLANDER, S. & BRITZ, R. (2008). *Puntius padamya*, a new species of cyprinid fish from Myanmar (teleostei; Cyprinidae). *Electronic Journal of Ichtyology* **2**, 56–66.

KULLANDER, S. & FANG, F. (2005). Two new species of *Puntius* from Northern Myanmar. *Copeia* **2005**(2), 290–302.

MEEGASKUMBURA, M., SILVA, A., MADUWAGE, K. & PETHIYAGODA, R. (2008). *Puntius reval*, a new barb from Sri Lanka. *Ichtyol. Explor. Freshwaters* **9**(2), 141–152.

PETHIYAGODA, R. (2013). *Haludaria*, a replacement generic name for *Dravidia* (*Teleostei*: *Cyprinidae*). *Zootaxa* **3646**(2), 199.

PETHIYAGODA, R., MEEGASKUMBURA, M. & MADUWAGE, K. (2012). A synopsis of the South Asian fishes referred to *Puntius*. *Ichtyol. Explor. Freshwaters* **23**(1), 69–95.

SCHUT, J., DE SILVA, S. S. & KORTMULDER, K. (1983). Habitat, associations and competition of eight *Barbus* (= *Puntius*) species (*Pisces*, *Cyprinidae*) indigenous to Sri Lanka. *Netherlands Journal of Zoology* **34**(2), 159–181.

TAKI, Y., KATSUYAMA, A. & URUSHIDO, T. (1978). Comparative morphology and interspecific relationships of the Cyprinid genus *Puntius*. *Jap. J. Ichtyol.* **25**(1), 1–8.

VAN OORTMERSSEN, G. & BAKKER, T. (1981). Artificial selection for short and long attack latencies in wild *Mus musculus domesticus*. *Behaviour Genetics* **11**(2), 115–126.

VOOGT, R. (2014). Blauwtje. *De Volkskrant* (14-03-2014).

WILSON, E. (1975). *Sociobiology: the New Synthesis.* Cambridge, Mass.: The Belknap Press.

Verklarende woordenlijst

aanpassing 1. Het evolutie-proces waardoor voor de drager voordelige eigenschappen ontstaan. 2. geëvolueerde eigenschap die voor de drager voordelig is voor wat betreft overleven en voortplanting..

adequaat Passend; proportioneel.

adverteren Vlag-achtig vertoon.

afhouden Tussen het bebaltste vrouwtje en een rivaal gaan staan.

aggregeren Samenkomen op bepaalde plaatsen. (in tegenstelling tot *schoolvorming* waarbij vissen elkáár opzoeken en niet de plaats).

agon/agôn Vechtgedrag tussen gelijkwaardige partners, bij barbelen veelal begeleid door dreigen. De spelling met ô verwijst naar het Griekse woord voor De Wedstrijden. Zie ook de grijze pagina's (23–25).

agonistisch Vijandig.

agressie Aanvalsgedrag.

ambivalentie Aansturing van een gedrag door twee of meer verschillende motivaties, bv. agressie + vlucht of sex + agressie.

balts Paringsvoorspel. Bij barbelenmannen veelal bestaand uit zachte vibratie, *leiden, cirkelen, paringspoging*, en bij sommige soorten *zachte aanraking met de snuit, sterke vibratie* of *turbulentie opwekkend gedrag* op afstand.

167

barbelen Karperachtige vissen van diverse Genera. In dit boek gaat het over Zuid-Aziatische soorten van het Genus *Puntius*. (Zie appendix E, *pp.* 155 *ff.* over de wetenschappelijke en de populaire namen).

'bleu' Zuinig met paringen.

candidaats(examen) Heet tegenwoordig merkwaardigerwijs 'bachelor's'.

causa Oorzaak.

causale verklaring Verklaring van een eigenschap als gevolg van een bepaalde oorzaak.

coëxtensief Dezelfde ruimte beslaand.

concurrentie Wedijver. Wordt zowel gebruikt in de zin van 'vechten om' als in de algemenere betekenis van streven naar een grotere winst (nakomelingschap, voedsel, schuilplaatsen e.d.) ten koste van anderen.

constraint Bedding van mogelijke selectie.

correspondentie vertaalslag; niet noodzakelijk een eenvoudige correlatie.

dagritme Dagelijkse cyclus van activiteiten waarbij het paaien steeds in hetzelfde deel van de dag valt. *Geen dagritme* betekent: paaien op allerlei verschillende tijden van de dag.

dialoog Spel van vraag en antwoord.

dimensie Meetlat.

(sexuele) dimorfie Uitwendig zichtbaar verschil tussen de sexen van een soort..

dominant 1. heersend; 2. het overheersende individu. Tegengestelde van 2. is: *inferieur* of *subordinaat* of *ondergeschikt*.

dreigen Vechtgedrag waarbij de zijkant naar de tegenstander ge-keerd wordt en alle vinnen stijf gespreid. zie p. 24.

dupliek Offensieve tactiek.

eiland en niemandsland Vorm van territorium. Zie p. 120 en noot 103 op p. 116.

equatoriaal klimaat Relatief gelijkmatig tropisch klimaat in zone rond de evenaar.

eurêka Ik heb het gevonden! Uitroep toegeschreven aan Archime-des bij het ontdekken van de wet van de opwaartse kracht.

flakkerend Af en aan.

frontaal Met de kop naar de ander gekeerd.

functionele verklaring Verklaring van een eigenschap in termen van voordeel voor de drager voor wat betreft overleven en voortplantingssucces.

(paai)gedragstypen Rangschikking van barbelensoorten volgens de structuur van het paaigedrag (territoriaal, aggregerend etc.).

genetisch Erfelijk..

genus/geslacht Een groep onderling verwante soorten waar een systematicus een gemeenschappelijke wetenschappelijke naam aan gehecht heeft.

GSI Gonado-Somatische Index, een maat voor de investering die een vis gedaan heeft voor de komende voortplantingsperiode in de vorm van eieren of sperma. Definitie zie noot 50 op p. 46.

habitat De natuurlijke leefruimte van een soort, vaak met verschil-lende onderdelen in verband met verschillende activiteiten.

hybride Kruising tussen soorten.

'immuun' Baltsend stel ongevoelig voor storing door rivalen. Tegengestelde: *'irritabel'*.

'inwonen' Gedrag van een man die zich ophoudt in het territorium van een sterkere, verzoent als hij door de 'baas' aangevallen wordt, stoort als die baltst, het territorium tegen derden verdedigt als de 'baas' afwezig is en daar dan ook baltst.

kantelen Rolbeweging waardoor de smalle buik- danwel rug-kant naar de tegenstander gedraaid wordt.

'karakter'/karakterstructuur Hoofdstructuur die allerlei kleinere eigenschappen kan verklaren.

karperachtigen Cyprinidae; familie van zoetwatervissen.

'klitten' Hardnekkig bij zelfde vrouw blijven door baltsende man.

landjepik Een offensieve tactiek die bestaat uit het stukje bij beetje verleggen van de territoriumgrens ten koste van een buurman; ook 'opdringen' genoemd.

lateraal vertoon Zie dreigen*.

licht-régime Ingestelde licht-donker wisselingen per etmaal. Bij de in dit boek behandelde experimenten werd een lichtperiode van 08.00 tot 22.00 aangehouden. De 'dag' werd in- en uitgeluid met een kunstmatige schemering.

melanine Zwart of donkerbruin pigment.

modelproeven Het gestandaardiseerd aanbieden van gestandaardiseerde objecten aan een dier, om de reacties op bepaalde prikkels te meten (kleur, vorm, beweging etc.).

motivatie De variërende inwendige bereidheid van een dier om te reageren op een bepaalde situatie.

motorisch Bewegings-.

navenant In verhouding.

'nest' Niet zelf gebouwd plukje planten waarin een mannetje de door hem bevruchte eieren bewaakt (*P. phutunio*).

neurotransmittor Stof die in kleine hoeveelheden invloed heeft op de doorlatendheid van synapsen.

niet-vechten Een defensieve tactiek die eruit bestaat confrontaties met rivalen zoveel mogelijk te ontlopen en in de daarmee gewonnen tijd effectief te baltsen.

ovarium Eierstok.

paaien/paaigedrag Voortplantingsgedrag van vissen waarbij eieren en sperma dicht bij elkaar gebracht worden. Zie paring*.

paradigma Stelsel van aannamen en feiten waarbinnen men wetenschappelijk onderzoek verricht en interpreteert.

parameter Maatstaf. Verschillende punten langs die maatstaf worden *parameter-toestanden* genoemd.

paring Gezamenlijke manoeuvre van een mannetje en een vrouwtje waarbij ze eieren en sperma vlak bij elkaar uitstoten.

paringsscore Percentueel aandeel van een mannetje in het totaal aantal paringen in een bepaalde groep in een bepaalde periode.

pendelen Snelle afwisseling van aanval en vlucht tussen twee territoriale buurmannen.

pikorde Sociale rangorde van meest dominant tot meest inferieur.

populatie Deel van het totale bestand van een (vis)soort in een bepaalde omgeving, bijvoorbeeld een riviersysteem.

potentiaal Potentiële spanning.

predator Roofvis.

predator-reacties Manier waarop vis(soorten) reageren op nabijheid van een roofvis (pesten, chaotisch gedrag, verbergen etc.).

promiscu Zonder vaste partners.

Protean display Snel en chaotisch op elkaar volgende bewegingen, die verhinderen dat een aanvallende rover op één doel mikt..

qualitatief Verschillend van anderen, maar die verschillen zijn niet eenvoudig in cijfers uit te drukken.

quantitatief In precieze cijfers uit te drukken.

rendez-vous Elkaar treffen als op afspraak.

repliek Defensieve tactiek.

roofvijand Predator.

rudimentering Reductie van omvang van orgaan of gedrag in de evolutie.

(natuurlijke) selectie Het verschijnsel dat sommige typen individuen van een generatie meer vruchtbare nakomelingen voortbrengen dan andere als gevolg van eigenschappen die (mede) door erfelijkheid bepaald worden. Selectie wordt *stabiliserend* genoemd als ze de *status quo* van generatie op generatie constant houdt. Bij *sexuele selectie* ligt de oorzaak van het grotere succes van bepaalde typen individuen in de voorkeuren (smaak) van de andere sexe.

(statistisch) significant Betekenisvol resultaat, dwz dat de kans dat het resultaat door toeval tot stand gekomen is kleiner is dan een van te voren gekozen marge.

stafcolloquium Onderzoeksoverleg tussen stafleden.

symmetrie Onveranderlijkheid van een patroon onder verplaatsing. Er is spiegel- rotatie- en translatiesymmetrie, al naar gelang van de aard van de verplaatsing.

symmetriebreuk Vermindering van symmetrie.

synaps especialiseerde contactplaats tussen twee zenuwcellen waar impulsoverdracht plaats kan hebben. Zie ook neurotransmittor*.

tactiek Gedrag dat tot doel heeft een winst (bijvoorbeeld de paringsscore) te vergroten.

tactiel Gevoels-.

tandkarpers Cyprinodontidae; familie van voornamelijk zoet- of brakwatervissen.

Tasek Bera Een moerasmeer in de staat Pahang van Malaysia.

territorium/territoor Gekozen, tegen soortgenoten verdedigde plek of gebied. Er komen punt- bezettings-, en eiland-territoria voor. Zie voor details ook p. 120. *Territoriumruil* betekent het spontaan en zonder slag of stoot van territorium wisselen door twee buurmannen.

tiger barbs Locale, populaire naam voor diverse leden van het Genus *Puntius* die donkere dwarsbanden hebben.

'toegeeflijk'/ 'grootmoedig' Metafoor voor gedrag van een man die zich na het verslaan van een buurman vrijwillig weer terugtrekt binnen de oude grenzen.

toetsen Op de proef stellen van een hypothese door middel van een experiment.

turbulentie Heftige waterbewegingen op kleine schaal.

ubiquist Alomtegenwoordig (althans op veel verschillende plaatsen). (Eigenlijk *ubiquistisch*, maar dat is zo'n lelijk woord).

vechten Vijandig gedrag, anders dan pure aanval en vlucht.

vechtgedrag Alle vijandig gedrag, inclusief aanval, vlucht en kantelen*.

verhang Een maat voor plaatselijke steilte van een rivierbed. Het wordt in dit boek uitgedrukt als procent: 1 procent = 1 centimeter per meter.

verzoening Appeasement; gedrag dat agressie door sterkere tegenstander kan voorkomen of stoppen door zich non-agressief te tonen. Bij barbelen vervult *kantelen* die rol; de zwakkere kantelt de smalle rug- of de buikzijde naar de ander en strijkt alle vinnen; het tegengestelde dus van dreigen.

'vlag'/vlagachtig Kleuren- of zwart-wit tekening die de drager van grote afstand opvallend maakt. Het tegengestelde is: *onopvallend*.

voedselgaringstypen Rangschikking van vissoorten naar substraat waarop ze voedsel zoeken (bodem, stenen, waterkolom, wateroppervlak etc.), en hoe ze het verwerken (filteren, kraken, happen etc.).

voortbewegingstypen Soorten ingedeeld volgens kenmerken van hun bewegingswijze door de ruimte: manoeuvreerders, snelle zwemmers, staanders. Zie ook deel 1, hoofdstuk I.

voortplantingsgedrag Zie paaien/paaigedrag*.

voortplantingskleuren Kleuren van paaiende vissen.

voortplantingssucces Relatieve bijdrage van een individu aan de volgende generatie, uitgedrukt in aantal vruchtbare nakomelingen. Meestal uitgedrukt als percentage van de volgende generatie als geheel.

vrees Vluchtneiging.

waterkolom Op allerlei diepten ergens tussen bodem en wateroppervlak.

willigheid Toestand waarin een vrouwtje bereid is tot paren. De willigheids-periode of paaiperiode van een vrouwtje wordt gemeten als de tijdsduur van de eerste tot de laatste paring van een serie.

worstelen Elkaar proberen af te houden.

'zunigheid'/'zuinigheid' De verschillende manieren waarop vrouwtjes van *P. titteya* en *P. oligolepis* de afgifte van eieren klein
houden.

Index Nominum

Index Taxonomicus

Index Rerum

www.ingramcontent.com/pod-product-compliance
Lightning Source LLC
Chambersburg PA
CBHW080654190526
45169CB00006B/2116